축제 여행

가족과 함께 떠나는

행복한

축제 여행

지은이 | 백남천
펴낸이 | 김성실
편집주간 | 김이수
편집 | 한승오 · 박남주
마케팅 | 이동준 · 김창규 · 강지연
디자인기획 | 오필민
편집 | 하람커뮤니케이션(02-322-5405)
본문 · 표지 인쇄 | 중앙 P&L(주)
제본 | 대홍제본
펴낸곳 | 시대의창
출판등록 | 제10-1756호(1999. 5. 11)

초판 1쇄 발행 | 2006년   3월   30일
초판 2쇄 발행 | 2006년   4월   27일

주소 | 121-816 서울시 마포구 동교동 113-81 4층
전화 | 편집부 (02) 335-6125, 영업부 (02) 335-6121
팩스 | (02) 325-5607
홈페이지 | www.sidaew.co.kr

ISBN 89-5940-028-9 (03980)
값 12,500원

글 · 사진 ⓒ 백남천, 2006, Printed in Korea.

백남천 글·사진

"백형, 안녕하시지요? 햇살이 제법 간지러운 날씨가 여행을 떠나기엔 그만입니다. 하지만 주말이면 은근히 걱정스럽네요. 나도 그렇고 아이들도 주5일제 인생이라서 긴 주말이 기다리고 있는데, 막상 닥치고 보면 마땅히 무얼 하고 보내야 할지 막막하니 말입니다. 그러던 차에 문득 '여행 작가'인 백형이 생각납디다. 그래서 부탁인데, 우리 온 가족이 더불어 즐겁게 누릴 거리 좀 알려 주시구려. … 백형은 전국 방방곡곡 아니 가본 데가 없으니, 이런 고민 정도는 가뿐히 풀어 주시리라 믿습니다. 이제, 웬만한 노력 없이 건질 수 있는 즐거움이나 행복은 어디에도 없는 듯싶습니다. … 좋은 소식 기다리겠습니다."

제법 살갑게 지내다가 한동안 소식이 뜸하던 지인知人이 이런 편지를 보내왔습니다. 미처 주5일제 혜택(?)을 누리지 못하고 사는 엄마 아빠들도 휴가나 아이들 방학 때가 되면 아마도 비슷한 고민에 빠질 법합니다.

이때 마침 저는 이 책의 초고를 거의 마무리해가고 있었습니다. 그래서 편지 한 통과 함께 원고를 송두리 째로 그에게 보냈습니다. 그는 출간되기도 전에 이 책의 첫 번째 독자가 되었습니다.

"… 마침 내가 김형의 고민을 풀어드릴 '가족과 함께 떠나는 행복한 축제여행' 원고를 쓰고 있습니다. 마치 알고서 편지를 보내온 것 같습니다그려. 사실 김형뿐 아니라 갈수록 많은 부모들이 그런 문제로 고민

백 남 천

하고 있습니다. 어떤 설문 기관에서 아이들에게 물어보니까, 최악의 부모는 "공부하라는 잔소리만 늘어놓을 뿐 함께 놀아줄 줄 모르는 부모"라는 대답이 단연 으뜸이었다고 합니다. 이 말을 뒤집어보면 "잘 놀아주는 부모"가 최고의 부모가 되겠지요. … 사실 온 가족이 더불어 신명나게 즐길 수 있는 이벤트로는 축제만한 것이 드뭅니다. 요즘 대한민국에서는 각 지역의 특색을 살린 온갖 축제마당이 철따라 풍성하게 펼쳐지고 있습니다. 한 10여 년 전국의 축제마당을 누벼보니까 더불어 '보고 배우고 느끼고 즐기는' 데는 축제가 으뜸입디다. 한마디로 일석사조 一石四鳥의 살아 있는 교육이자 인생 여행임을 절감했습니다. … 보내드린 원고를 보고 적잖은 도움을 받았다니, 더욱 자신감을 갖고 이 책을 진행할 수 있게 되었습니다. … 이 책의 독자가 한 분 늘 때마다 '행복한 가정'이 하나씩 더 늘기를 소망합니다."

무려 1000여 개의 크고 작은 축제가 전국에서 사철 내내 펼쳐지고 있는데, 그 가운데 100개쯤에 '축제'라는 이름을 붙여줄 만합니다. 또 그 가운데서도 세계적인 축제로 발돋움하고 있는 대한민국 대표 축제 50여 개를 이 책에 실었습니다. 독자 여러분, 부디 이 책을 통해 '행복한' 부모 또는 연인이 되길 빕니다.

하늘 푸르고 햇살 좋은 날에…

하나 떠나기 전에 축제 프로그램 정보를 미리 꼼꼼하게 체크한다.

온 가족이 머리를 맞대고, 올해 어느 계절에 꼭 찾아보고 싶은 축제를 골라 그 기간을 달력에 미리 표시해 둔다. 그 순간부터 그 가정에는 행복한 설렘이 시작된다. 떠나기 며칠 전부터 '온 가족이 모여' 이 책과 해당 홈페이지 등의 정보를 이용하여 시간대별 여정을 짜본다.

둘 축제를 선택할 때는 함께 떠나는 사람의 기호도 배려한다.

자녀와 함께 떠나는 경우에는 '자녀의 관심과 눈높이에 맞는' 축제나 프로그램을 먼저 고려한다. 연인과 함께 떠난다면 '사랑하기에 좋은' 축제를 고른다. 아울러 10만 또는 12만분의 1 축척 지도를 준비하면 요긴하게 쓰인다.

셋 축제마당에 가면 적극적인 체험을 통해 축제의 주인공이 되어본다.

아무리 잘 준비된 축제도 참여하는 사람이 적극적으로 즐기지 않는다면 구경거리에 불과하다. 관광은 말 그대로 눈으로 즐기는 것이지만, 축제는 모두가 하나로 어우러져 온 몸으로 즐기는 것이다.

넷 인파가 한꺼번에 몰려드는 시간대를 피하여 즐긴다.

이름난 축제일수록 많은 인파가 몰려들어 북적거린다. 그래도 틈새 시간대는 있게 마련이다. 가장 붐비는 오후 1시부터 4시 사이의 시간대를 피하면 비교적 여유롭게 즐길 수 있다.

다섯 해당 축제뿐 아니라 주변 명소도 둘러볼 수 있도록 여정을 짠다.

미리 확인해 둔 축제의 하이라이트를 중심으로 즐긴다. 그렇게 남긴 시간에 주변 명소를 둘러보고 오면 축제 여정의 즐거움이 배가된다.

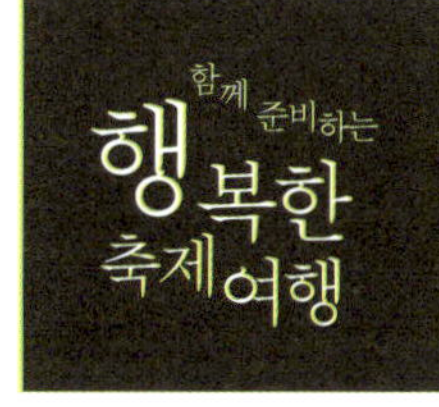

여섯 해당 지역이 원조인 토속 먹을거리를 함께 즐긴다.

예를 들어, 전주에 가면 전주비빔밥, 안동에 가면 헛제삿밥과 안동찜닭, 담양에 가면 대통밥과 죽순요리, 수원에 가면 수원갈비를 맛본다. 이처럼 지역 토속 별미를 즐기다보면, 평소에 패스트푸드를 즐겨먹던 아이들 식성도 변하게 될 것이다.

일곱 축제마당 특설 판매장에서 지역 토속 특산물 쇼핑도 즐긴다.

대부분의 축제에는 토속 특산물 판매장이 마련되어 있다. 질 좋은 먹을거리를 싼 값에 살 수 있고, 귀가해서도 여행의 추억을 오래 음미할 수 있을 뿐 아니라, 결과적으로 해당 축제나 지역경제 발전에도 기여하는 셈이다.

여덟 숙소는 해당 축제마당에서 다소 떨어진 곳에 정하는 것이 오히려 낫다.

축제마당 가까운 곳에는 숙소를 구하기도 어려울 뿐 아니라 바가지를 쓸 수도 있다. 떠나기 전에 예약하는 것이 좋지만, 예약을 하지 않았다면 차로 30분 안팎의 거리에 숙소를 정하는 것이 축제를 여유롭게 즐길 수 있는 요령이다.

아홉 만약을 대비하여 축제마당에서의 동선을 미리 약속해 둔다.

축제의 신명에 빠지다 보면 일행과 떨어져 미아(?)가 될 수도 있다. 휴대폰 연락도 안 되어 낭패를 볼 수도 있으니, 이럴 경우에 대비하여 미리 만남의 장소 및 시간을 정해두는 것이 좋다.

열 여행사의 축제여행 상품을 활용하면 한결 편리한 여정이 될 수 있다.

해당 축제 사무국이나 지자체 문화관광과 등에 문의하여 여행사가 준비한 축제여행 상품을 잘 골라 이용하면 오고가는 교통편이나 현지에서의 여정이 한결 수월해질 수 있다.

하루 해가 너무 짧아 아쉬울 만큼 신명난

축제마당, 가족과 함께 떠나면 더욱 행복한

그곳에 가면 세상사는 재미가 넘친다.

풀빛

봄에 떠나는 축제여행

싱그러운 풀빛, 눈부신 꽃빛에 놀다

갈빛

풀빛

봄에 떠나는 축제여행

함평 나비대 축제 | 경주 '한국의 술과 떡' 잔치 | 보성 다향제 | 이천 도자기 축제 | 서산 해미읍성 역사체험 축제 | 춘천 국제 마임 축제 |
영암 왕인문화축제 | 청도 소싸움 축제 | 진도 신비의 바닷길 축제 | 서천 한산모시 문화제 | 고성 공룡나라 축제 | 남원 춘향제 | 하동
야생차 문화축제 | 기장 멸치 축제 | 무주 반딧불 축제 | 광양 매화 축제 | 여수 영취산 진달래 축제

싱그러운 풀빛, 눈부신 꽃빛에 놀다

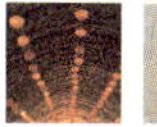

가족과 함께 떠나는 행복한 축제여행

자운영꽃밭에서
나비 되어 나빌레라

함평 천지에 가서 나비가 되면

꿈이 이루어진다, 사랑도 이루어진다

자운영 꽃대 궁처럼 빠알갛게…

꽃무리 지천으로 봄하늘 수놓는 나비나라 함평

장자莊子가 꿈속에서 나비가 되어 꽃밭 천지를 날아다니며 꿀을 빠는 달콤함에 빠졌다는 계절이다. 남도의 서녘 함평천지 가는 길은 만만찮은 거리다. 하지만 어느새 한 마리 호랑나비가 되어 나비세상으로 날아가고 있는 아이들은 "나비야~ 나비야~ 이리 날아 오너라~ 노랑나비 흰나비~"를 흥얼거린다. 어린 시절, 기억 저편에서 풍금 반주 소리에 맞춰 부르던 그 동요가 들려오는 듯하다.

땅이 하도 넓어 예로부터 '함평천지'라 불려온 함평. 그 너른 땅 물가 공원길 주변 30여 만 평에는 청보리와 어우러진 보랏빛 자운영, 노란 유채꽃과 배추꽃 그리고 옥색 무꽃이 활짝 피어 나비들을 부른다. 이 꽃 무리 물결 사이사이로 하늘하늘 나는 십여 만 마리의 형형색색 나비·나비·나비!

"내가 나비인지, 나비가 나인지" 분간 못할 지경인 지금 이곳에서 호접몽胡蝶夢은 꿈속의 설화가 아니다. 바로 눈앞의 수산봉 나비 철쭉동산에서 일어나고 있는 현실이다. '꽃세상 나비천지' 자연 환몽幻夢에 매혹된 사람들 사이 사이, 나비 페인팅으로 봄날을 화사하게 그린 얼굴, 얼굴에서도 고운 나비들이 날아오른다.

애벌레가 집을 짓고 죽어지내다가 화려한 날개를 달고 하늘로 비상

나비·곤충 표본 전시관에서는 온갖 종류의 화사한 나비 표본을 구경할 수 있다.

하는 나비는 '부활'을 상징한다. 혼이나 영원한 생명을 나타내는 나비
는 기쁨과 즐거움을 상징한다. 그래서 나비는 그림을 비롯하여 목칠공
예, 자수 등의 문양에 애용되어 우리 문화유산 곳곳에서 아름답게 날고
있다.

　함평 나비 축제에서 가장 인기를 끄는 곳은 나비생태관이다. 우리나
라에 서식중인 60여 종의 나비생활사—고치를 거쳐 성충으로 변하는
나비 일대기의 순간순간을 생생하게 관찰할 수 있다. 봄의 여왕으로 불
리는 애호랑나비의 화려한 자태를 비롯하여 사향제비나비, 긴꼬리제비
나비, 부전나비… 진귀한 나비들의 자태에 축제객들의 탄성이 만발한
다. 테마가 있는 나비 날리기와 나비우화학습장도 인기다.

　나비·곤충 표본 전시관에서는 우리나라에 서식하는 나비와 곤충 표
본 3천 종 3만 마리를 만나게 된다. 멸종 위기 또는 보호종 나비와 곤충
표본을 재미있게 관찰하면서 자연생태를 공부할 수 있다. 특히 평양이
고향인 나비박사 이승모 씨가 평생 수집한 북한나비표본 특별기획전은

더욱 눈길을 끈다. 문득 이 봄날, 휴전선 철책을 자유로이 넘나들고 있을 나비들의 나래가 부러워진다.

나비를 따라가면 사랑도 이루어진다

나비 축제마당에는 "나비를 따라가면 사랑이 이뤄진다"는 설화를 믿고 전국에서 찾아온 젊은 연인들도 눈에 많이 띈다. 이 나비 축제 여정을 위해 공부해온 나비설화는 이들 앞에서 멋진 길라잡이가 된다.

"옛날에 한 젊은이가 예쁜 나비에 홀려 그 나비를 잡고자 따라가다가 대갓집에 뛰어 들어 미녀를 만나 사랑을 이루었답니다. 그래서 나비는 그대들처럼 고운 연인들의 아름다운 화합을 상징합니다."

"그런데 암컷은 단 한 번만 짝짓기를 한답니다. 애호랑나비·모시나비 등은 짝짓기를 한 후 수컷이 암컷의 교미낭을 막아버리기도 하고요. 그래서 예로부터 나비는 '절개'를 상징하는 곤충으로도 알려져 오고 있지요."

나비는 무주의 반딧불이와 함께 이 땅의 환경변화 지표생물로서 '환경지킴이' 역할을 톡톡히 해내고 있는 곤충이다. 전국 제일의 친환경농

기생나비 : 남한 전역에 분포하는 초원성 나비로 나는 모습이 힘이 없어 보인다. 암컷은 날개가 둥글어 보이고, 수컷은 날개 윗면 흑색 무늬가 짙다.

업관에서는 친환경 오리농법 쌀 재배 소개와 친환경 농산물 체험 등이 웰빙족들의 발길을 끈다. 나비도 보호하고 환경도 보호하기 위해 펼쳐지는 환경 퀴즈 대회. 나비생태에 대해 미리 공부해 둔 이라면 축제에 참여한 기쁨이 배가되는 이벤트다.

"나비목에 속하는 곤충 나비가 아름다운 자태의 나비가 되기 전까지의 과정을 아는 분?" "알→애벌레→번데기→성충입니다!" "네, 네, 잘 맞춰주셨습니다."

"완전변태한 나비의 아름다움은 나비의 날개 색깔 때문입니다. 그러면 나비의 무늬와 색깔은 날개에 있는 무엇 때문에 이루어집니까?"

"네, 비늘가루에 의해서 이루어집니다."

"그런데 지금 이 땅에서는 초원성 나비가 점차 사라져 가고 있습니다. 그 원인은?" "무분별한 농약 사용 때문입니다." "네, 맞습니다. 다 함께 외쳐 봅시다." "사람은 자연보호! 자연은 사람보호!"

남도 노동요 시연마당으로 흥이 이는 가운데 모내기에 직접 참여해

가장 인기를 끄는 곳은 나비생태관이다. 우리나라에 서식중인 60여 종의 나비생활사―고치를 거쳐 성충으로 변하는 나비 일대기의 순간순간을 생생하게 관찰할 수 있다.

보는 축제객들의 이마엔 땀방울이 송송 맺힌다. 아이들은 아빠들이 모내기한 논에서 그림책 속에 나오는 오리 방사와 미꾸라지를 잡아보는 환경 친화 체험이 마냥 신기하고 재미있다. 꽃방울을 단 새끼돼지 몰이는 더 재미있다. 잡은 꽃돼지를 상품으로 가져 갈 수 있는 행운을 안은 아이는 영웅이 된다.

오염되지 않은 자연공간에서 자연의 신비함과 아름다움을 느낄 수 있는 함평 나비축제는 대한민국 대표 축제의 하나로 자리잡았다. 언젠가 영영 사라질지도 모를 곤충의 세계에 대한 관심이 그만큼 크기 때문이다.

집으로 돌아가는 길, 뒤에 두고 오는 함평천지 하늘가에선 나비연들이 너울너울 춤추며 배웅한다. 처녀들과 꼬마계집아이들의 머리 위에 꽂힌 나비축제 기념 핀이나 아빠의 나비넥타이, 엄마의 나비스카프 속에서 너울거리는 나비들은 도시로 돌아가서도 여전히 하늘하늘 춤을 추리라.

축제 시기 | 4월 하순~5월 초순(10일 간)

가는 길(서울 기점) | 서해안고속도로⇨함평 나들목⇨23번 국도⇨함평천 수변공원
호남고속도로⇨장성 나들목⇨24번 국도⇨동화면⇨삼계면⇨함평천 수변공원

별미 기행 | 천지회관(061-323-9993) · 화랑식당(061-323-6677)의 '함평천지한우 · 육회비빔밥 · 선지국' | 함평천지 흑돼지마을(061-322-9292)의 '토종돼지삼겹살 · 묵은 김치쌈'

좋은 술 | 함평천지 프리미엄 복분자 와인-레드마운틴

행복한 쉼터 | 호텔 샹젤리제(061-324-3703) | 보은모텔(061-322-4457) | 모아호텔(061-324-2266)

주변 명소 | 돌머리 갯벌생태학습장 | 신흥마을 해수찜 | 용천사

여행 정보 안내 | 함평군청 문화관광과(061-320-3224) www.inabi.or.kr

천 년을 빚어온 맛과 멋,
그 흥겨운 풍류에 취하다

봄날의 고도古都 경주는 술 익는 향이 좋다

떡 익는 내음이 달다 벚꽃 화사함이 날린다

아, 그것들에 어우러진 흥과 멋, 맛에 취하고 싶다

맛과 인정이 넘치는 떡잔치 한마당

연분홍 벚꽃길 따라 몽환夢幻의 꽃비 날리는 4월의 경주는 온통 눈부신 꽃대궐이다. 그런 가운데 호반을 끼고 있는 보문관광단지 축제마당에서는 지금 '우리 맛과 멋'의 흥겨운 잔치 한마당이 한창이다. 술꾼들과 떡보들은 그야말로 살판난 세상이다.

아무리 성급한 술꾼이라도 술잔치 가기 전에 떡잔치 먼저 가자. 술에 먼저 취하면 그 예스러운 떡전거리의 흥겨움을 온전히 맛보지 못할 터이므로.

떡전거리에 들어서면 온통 떡 천지다. 고대부터 오늘날에 이르기까지 빚어 먹어온 떡들이 지역과 풍속에 따라 한 상씩 잘 차려져 있고, 한편에는 떡을 만드는 온갖 도구가 갖춰져 있다. 떡은 음식이기에 앞서 이웃간의 정을 이어주는 우리의 문화다. 그 궁핍했던 시절에도 집안 행사가 있어 떡을 했다 하면 온 동네 집집이 다 돌릴 만큼 인심이 후했다. 그러고 나면 정작 집안 식구들은 몇 조각 남지 않은 떡으로 간에 기별이나 보내고 아쉬운 입맛을 다셔야 했던 기억이 아련하다.

떡이 익으면서 모락모락 피어오르는 뽀얀 김과 향긋한 냄새가 발길을 붙드는 떡방아간은 언제 보아도 정겹고 훈훈하다. 누대에 걸쳐 이름을 떨쳐온 천하 명인名人들이 손끝 정성으로 만들어 내놓은 형형색색의 온갖 떡들이 먼저 눈을 즐겁게 한다. 제주도 빙떡, 함경도 오그랑떡, 강원도 감자송편, 충청도 쇠머리떡, 전라도 웃기떡, 경상도 좁쌀떡, 서울 두텁떡 등등 헤아릴 수조차 없는 진귀한 떡들이 군침을 돋운다. 각 지방마다 많이 나는 곡식으로 빻은 떡가루에 온갖 꽃과 열매를 얹어 저마다 독특한 모양과 맛을 연출해낸 조상 전래의 솜씨가 장관이다. 그야말로 신토불이身土不二의 결정체다. 떡 인심도 후하기 그지없으니 공연히 군침만 삼킬 일도 없다. 갓 쪄낸 따끈따끈한 조선 8도의 떡을 맛보느라 떡보들의 눈과 코와 혀는 그저 황홀하다.

　만들어진 떡을 구경하고 먹기만 하는 데서 그치지 않고, 손수 만들어 보는 체험마당도 흥겹다. 떡 따라 만들기, 화전가 부르며 화전 부치기, 가래떡 썰기, 아름다운 떡살로 떡에 무늬 찍기 등에는 흥에 겨운 잔치꾼 들이 줄을 잇는다. 그대로 쪄낸 찹쌀 한 시루를 안반 위에 부어놓자마

각 지방마다 많이 나는 곡식으로 빻은 떡가루에 온갖 꽃과 열매를 얹어 저마다 독특한 모양과 맛을 연출해낸 조상 전래의 솜씨가 장관이다.

자, 어른 아이 할 것 없이 차례로 덤벼들어 "철썩 철썩" 쳐대는 떡메 소리가 온 떡전을 울린다. 그렇게 쳐낸 떡덩어리를 넓게 편 다음 콩가루를 묻혀 썰어 놓으면 마파람에 게눈 감추듯 순식간에 동이 나고 만다.

평소 서양식 패스트푸드에 길들여진 아이들도 떡 치는 재미, 떡 먹는 맛에 푹 빠져 도무지 떡전을 떠날 줄 모른다. 떡만이 아니라 조상 전래의 모든 우리 음식은 맛들일 나름이지, 한번 맛들이면 그 은근하고 깊은 맛이 평생의 그리움으로 남는다. 아이들이라고 어찌 다를 것인가.

자연으로 빚어낸 멋들어진 풍류 한마당

『위지魏志 · 동이전東夷傳』에 따르면 "백성들이 모여 제사를 지내며

신라 전통 국악이 은은하게 돋
우는 민속주 시음장에서 술꾼들
은 제 세상을 만난 듯하다. 각
지방의 온갖 전통 명주들을 몇
잔이고 공짜로 맛볼 수 있기 때
문이다.

즐기던 영고·동맹·무천 등 군집행사 때에는 밤낮으로 식음食飮을 하
였다"고 전한다. 여기서 '음飮'은 술을 마시는 것이다. 이처럼 아주 오
래 전부터 술을 즐겨온 우리 겨레에게 술은 하늘과 교통하는 신성한 매
개이자 집단의 결속을 다지고 이웃간의 정을 두텁게 하는 윤활유였고
흥겨움 그 자체였다.

　술을 빼놓고 우리네 삶과 문화와 예술을 얘기하기는 어려울 터이다.
술은 시대를 막론하고 우리의 풍류와 낭만에 흥과 멋을 더해 주었다.
사랑의 열정에 달떠 있던 시절, 술잔을 거푸 비우면서 비감어린 음조로
이장희의 「한 잔의 추억」을 목 놓아 부르며 멀어져 간 사랑을 그리워하
던 날들이 어제런 듯하다.

　그러나 술은 마시는 사람의 주도酒道에 따라 품격이 달라지고 효능이
달라진다. 잘 마시면 약藥이 되지만 잘못 마시면 독毒이 된다. 처음에는
사람이 술을 먹지만, 이윽고 술이 술을 먹게 되고 마침내는 술이 사람
을 먹게 된다. 이쯤 되면 술이 사람을 개로 만들고, 패가망신의 길로 내
몬다. 그래서 주도酒道가 필요하다. 마침 이곳 술잔치 마당에는 '주도
예절 배우기' 코너가 있어 많은 젊은이들이 전통 주도酒道의 진수를 배
우고자 줄을 잇는다.

신라 전통국악이 은은하게 술맛을 돋우는 민속주 시음장에서 술꾼들은 제 세상을 만난 듯하다. 각 지방의 전통 명주들을 얼마든지 공짜로 맛볼 수 있기 때문이다. 국가 지정 무형문화재인 면천 두견주, 문배주, 경주 교동법주를 비롯하여 경기의 계명주와 당정 옥로주, 전북의 전주 이강주, 경북의 안동소주, 충남의 계룡 백일주와 한산 소곡주 등 그야말로 조선의 내로라하는 술이 모두 모여 있다.

전통소주를 빚어 내리는 코너는 애주가들로 북적거린다. 불을 때고 식히니, 솥뚜껑 꼭지에 수증기가 물방울이 되어 소주 고리를 따라 똑똑 떨어진다. 진짜 소주다. 퍼런 불이 확확 일어날 정도로 도수 높은 소주를 넘기는 순간, "캬아~하!" 타듯이 쩌르르하고 술내도 가히 일품이다. 원하는 대로 몇 잔이고 술맛을 볼 수 있는 술 이름 맞추기 대회도 애주가들이 긴 줄을 설 정도로 성황이다. 자칭 대한민국 제일의 술꾼들은 눈을 가리고서 먼저 술 한 잔씩을 받아 마신다.

"지금 여러분이 마신 술은 무엇으로 빚어졌을까요?" "진달래입니다." "아~네, 틀렸습니다. 벌주로 한 잔 더 드십시오." 술 고픈 사람들은 일부러 열심히 틀려 볼 만도 하다.

천년 고도 경주에서는 지금, 잊혀져 가던 우리의 멋들어진 맛과 풍류가 흥겨운 잔치 마당 속에서 한창 부활하고 있다.

축제 시기 | 4월 중 · 하순 무렵

가는 길 | 경부고속도로 경주 나들목⇨보문관광단지내

별미 기행 | 원풍식당(054-771-4433)의 '한정식' | 삼포쌈밥집(054-749-5776)의 '쌈밥' | 황남빵(054-749-7000)

좋은 술 | 교동법주(054-772-5994) | 경주신라주(054-762-9988)

행복한 쉼터 | 경주힐튼호텔(054-745-7788) | 경주교육문화회관(054-745-8100) | 불국사관광호텔(054-746-1911) | 축제 기간중 경주의 호텔과 콘도 숙박료는 50퍼센트 할인

주변 명소 | 국립경주박물관 | 토함산 | 불국사 | 황룡사지 | 감은사지

여행 정보 안내 | 경주시청 문화관광과(054-779-6062) www.tour.gyeongju.go.kr

다향 그윽한 초록 차밭의 풍경에 마음을 씻다

마음의 티끌 씻어 보자고 떠나온 길은

초록 향기 싱그러운 남도의 보성 차밭

아, 벌써 마음은 초록풍경에 취하는가

차밭 풍경에 먼저 취하는 보성 다향제

보성의 차밭을 촉촉이 적시고 있을 해무海霧가 그리워, 무박으로 밤

을 가르며 달려온 차밭 기행 길. 보성 땅에 이르는 새벽길은 삼나무 가로수가 줄지어 지난다. 녹색 제복의 병사들을 열병하는 기분이다. 차창은 아까부터 모두 열어 놓았다. 아, 오월의 신록이 아겨주는 상큼함!

은은함과 깊이를 더해 가는 햇찻잎 수확기인 봄날에 맞춰 펼쳐지는 보성 다향제茶鄕祭. 올해는 '차와 사람, 자연이 함께 하는 열린 만남'이라는 축제 테마로 펼쳐지고 있다. 봇재 골짜기 곳곳에 고즈넉이 들어앉은 다원과 대원사, 일림산, 보성공원에서는 지금 다신제, 찻잎 따기, 차 만들기, 녹차 장터, 차 요리 축제, 차밭 작은 콘서트 등 다양한 차 잔치 마당이 펼쳐지고 있다. 축제 일정만 보아도 여정은 싱그러운 초록 다향으로 물든다.

보성 녹차장터는 여느 농촌 장터와는 달리 활기로 넘친다. "녹차가 몸에 좋다는 건 다 앙께." 보성사람들이 자주 입에 올리는 녹차 자랑이다. 차는 발암억제물질인 폴리페놀 성분이 풍부하고 카테친 성분이 있어 중금속을 체외로 배출시키는 효능도 뛰어나다. 이런 효능 덕분에 지금 보성은 웰빙 바람을 타고 녹차식품산업의 전성기를 맞고 있다.

차밭 투어 버스가 먼저 찾아가는 곳은 활성산 기슭의 봇재 일원 차밭. 굽이도는 고개마다 차밭이랑도 따라 돈다. 이곳 차밭 가운데 가장 유명한 대한다업의 보성다원은 그림 같은 풍광으로 소문난 명소다. 다원 들목부터 장쾌하게 뻗어 오른 삼나무들의 사열을 받으며 걸어드는 숲길은 '이보다 더 좋은 산책로가 있을까?' 싶을 정도로 흥분시키는 길이다. 비구니 곁을 자전거 타고 지나던 수녀가 다시 돌아와, 뒷자리에 앉히고 페달을 밟던 CF 속의 바로 그 길이다. 풀잎 같은 해맑은 미소들이 세상의 갈등을 상생相生과 희망으로 보여준 그 아름다운 길이다.

차밭 산책은 이른 아침이 제격이

햇봄에는 찻잎을 따고 여름이 사월 무렵이면 그윽한 차꽃 향기에 취한다. 차꽃은 희다못해 눈시린 꽃잎 옷고름을 풀고 열린 옷섶 사이로 금빛 꽃술을 피워낸다.

다. 차밭이랑 108계단은 백팔번뇌를 씻기는 마음의 산책길이다. 이른
아침 햇살에 제자리를 고이 접어놓기 시작하는 해무海霧는 과연 선녀의
초록 춤사위다. 온 몸에 초록 다향이 물들 것만 같은, 향기보다 빛깔에
먼저 취하는 선경仙境이다. 자연의 생명력과 사람의 솜씨가 어우러져
빚어놓은 걸작품이다.

연인들의 세레나데가 불려지는 남도의 차밭

활성산 봇재 마루를 온통 뒤덮은 차밭이랑은 마치 초록 비단을 깔아 놓은 듯하다. 어디가 끝인지 가늠하기도 어려울 만큼 넓은 조선 제일의 차밭은 무려 100만 평이 넘고, 600여 만 그루의 차나무가 장관을 이루고 있다. 대륙성기후와 해양성기후가 교차하는 이 일원은 아침저녁으로 흘러드는 안개가 습기를 조절해 주어 차 재배의 최적지로서 우리나라 녹차의 40퍼센트를 만들어낸다.

봇재길 정상에 올린 다향각茶香閣은 차밭 조망의 최고 정점이다. 정자에 오르면 멀리 아스라이 내려다보이는 득량만 바다와 함께 굽이굽이 봇재 차밭이 한눈에 들어온다. 차밭은 능선마다 해무 속에 마치 초록빛 거대한 수천 마리의 구렁이들이 꿈틀거리듯 돌아나가는데, 잘 그려진 푸른 등고선 같다.

이곳 보성차밭 일원은 TV 드라마 「여름향기」 촬영지다. 심장이 먼저 알아보는 운명적인 사랑을 꿈꾸며 떠나온 사람들의 드라마 투어 길이 되고 있다. 연인들은 그 드라마의 테마송 슈베르트의 「세레나데」를 부르며 지난다.

"… 애처로운 그 눈빛의 나를 사랑해주오~ …." 혜원(손혜진 역)이 바

이곳의 다원들은 가공한 차, 다구, 녹차 음식류 등 차에 관한 다양한 메뉴를 전시해 놓고 있다. 다례 시연도 보여주고 무료 녹차 시음장 코너도 마련해 놓고 있다.

닷가가 보이는 차밭이 펼쳐진 전원의 흙길로 떠날 때, 그 뒤를 쫓아 달려오던 민우(송승헌 역)…. 그러나 버스가 먼저 와서 그녀를 태우고 떠나던 그 애처로운 영상이 떠오른다, '쿵- 쿵-.'

기다리는 사유의 향을 내는 멋, 다도

이곳의 대다수 다원에서는 차에 관한 많은 것들을 전시해 놓고 손님을 맞이한다. 다례 시연도 보여주는데, 통나무 탁자마다 다기 한 구와 우전차雨前茶가 놓여 있다. 우전차는, 곡우 전후에 처음으로 딴 햇찻잎으로 덖어낸 최상품이다.

미친 듯이 빠른 변화를 제일로 삼는 요즈음 세태에서 느려보기는 또 하나의 미덕일 터. 질박한 다기茶器를 감상하고 있으면, 시나브로 우러나는 다향茶香. 남도의 차밭을 지나는 대숲사위소리, 솔바람소리, 햇찻잎새 촉촉이 적시는 해무가 한 폭 수묵화처럼 퍼지는 여유는 지극히 그윽하고 맑다.

은은한 다향의 멋은 그리움으로도 인다. 문자 메시지를 그리운 이들에게 띄워 보낸다―"춘란이 꽃피우는 햇봄입니다. 벗이여, 어서 오시어 차 한잔의 정 나누지요." 이윽고 초의선사의 『다신전茶神傳』을 떠올

34

린다—"홀로 마시면 신神이요, 둘이 마시면 승勝이고, 서넛이 마시면 취趣요, 대여섯이 마시면 법法이요, 칠팔 명이 마시면 시施라."

율포로 가는 18번 길. 소쩍새 소쩍소쩍 울어 에는 이 길은 피 토하며 득음해 온 소리꾼들의 모진 소리길이 아닐런가. 섬진강 서편에 자리잡은 보성 땅은 바로 서편제의 고향이다. 이 길 들목에서 나는 음악을 바꾼다. 영화 『서편제』를 적시던 「소리길」「소릿제 폐가방안」… 이 영화 속 그 풍경을 만나 더욱 절절하다.

그렇게 산길을 한참 돌아 내달려 보성 땅 남녘 끝자락에 엎드린 율포. 청정해역 득량만을 껴안은 이 갯마을은 보성녹차를 이용한 해수·녹차탕으로 유명하다. 찻잎에서 추출한 원액을 푼 연녹색의 대형 욕조에 나른해진 몸을 담근다. 은은히 풍겨 나오는 다향에 여독이 눈 녹듯 사라진다. 전망 좋은 욕탕 창 밖으론 은빛 모래사장과 솔숲 그리고 올망졸망한 섬들이 다정하게 떠 있는 바다가 내다보인다. "전라도 땅 가운데 가장 전라도답다"는 보성 예찬이 가히 빈 말은 아니다.

축제 시기 | 5월 초순 무렵

가는 길 | 호남고속도로 동광주 나들목⇨광주 제2순환도로⇨화순⇨29번 국도⇨보성읍⇨봇재 차밭

별미 기행 | 녹차골식당(061-853-3222)의 '녹돈요리' | 행낭횟집(061-852-8072)의 '전어회·바지락회' | 대한다원내 식당(061-852-2593)의 '녹차바지락비빔밥'

행복한 쉼터 | 제암산자연휴양림(061-852-4434) | 옥섬비취(061-853-2240) | 다향모텔(061-852-5087) | 웅치관광농원(061-852-6300)

주변 명소 | 대원사 | 백민미술관 | 일림산철쭉제 | 보성소리전수관 | 제암산 자연휴양림

여행 정보 안내 | 보성군청 문화관광과(061-850-5226) www.boseong.go.kr

흙과 불이 만나
도예혼을 사랑하다

    신둔면 수광리부터 차창 밖으로 펼쳐지는 진풍경은 이천읍 사흘리까지 이어진다. '도예촌' '요窯' '도예전시관' 등 도자기와 관련된 집들이 즐비하게 눈에 든다. 40여 개의 전통 장작 가마와 300여 군데의 도자기 공방, 100여 군데의 도예전시판매장이 모여 있어 나라 안 최대의 도예촌을 이루고 있는 이천 땅은 과연 한국 도예 문화의 메카다운 모습을 그려놓고 있다. 신둔면 사흘리 사기막골은 민속 도자기 마을로 유명한 곳인데, 조선시대부터 백자를 구워오던 유서 깊은 도예촌이다.

　세계 유일의 도자박물관인 해강도자미술관에는 중국인들도 감탄해 마지 않은 천하제일의 비색을 지닌 고려청자, 일본 도자기의 모태가 된 조선백자와 분청사기 등 7000여 점의 도예품이 전시되어 있다. 기품 있는 도자기를 알아보는 혜안慧眼을 키워 볼 수 있는 곳인데, 적잖은 외국인들까지 찾아와 우리 도예 역사를 배워간다. '도자문화실'에서는 선사시대의 빗살무늬토기부터 현대에 이르기까지의 도예문화사를 배우고, '유물전시실'에서는 천년을 이어온 도예품들을 감상한다. 우아한 선과 비색을 지닌 귀족적인 고려청자, 질박하고 단아한 멋을 지닌 조선백자 감상에 넋을 잃는다.

　마침 축제 사흘째, 꼭두새벽 5시부터 굳이 한국 도자기 전통 비법인 전통 가마에 불 지피기를 고집하고 있는 도예가 항산 임항택. 꼬박 하루가 넘도록 1200도가 넘는 소나무 장작불로 예술 혼을 지피는 숭엄한 모습에 절로 옷깃이 여며진다. "혼을 담고 있지 않은 도자기는 한낱 흙덩이에 불과할 뿐"이라며 미련 없이 부숴버리는 도혼陶魂 앞에서 깊은 경외심과 전율을 느낀다.

황홀, 무아지경의 도자기 세상

　솔숲 아래 200여 부스에는 천년 도예의 맥을 이어온 이천 도예공들이 흙과 불에 혼을 다하여 불어넣은 작품과 다양한 생활 도자기 수천 점을 전시해 놓고 축제객들을 맞이한다.

　우아한 여인의 몸매를 떠올리게 하는 곡선미에 형형색색 오묘한 빛을 발하는 도예품들에 반하여 이어지는 긴 줄. 특히 외국인들은 황홀, 무아지경으로 아주 천천히 요리조리 돌려보며 심취해 있다. 가장 우리다운 미에 먼저 취해 다가서는 그들의 모습에서 새삼 우리다운 축제가 세계인의 축제로 자리잡고 있음을 본다. 전통과 세계를 한 자리에 모아 놓은 '세계 도자기 한마당'까지 다 둘러보고 나면 어느새 심미안이 훌쩍 자라 있다.

　손맛 나는 도예품이란 혼으로 빚은 것 일 터. 평소엔 엄두도 못낼 도예명인의 작품 가격도 내 마음대로 정해 소장할 수 있는 도자기 경매도 재미난 구경거리다. 최고 50퍼센트까지 할인되는 이천 도자기 쇼핑은 이천도자기를 소장하려는 이들에겐 아주 좋은 기회다.

축제마당에는 문화재급 도자기에서부터 투박한 생활 도자기까지 다양하게 차려져 있다. 한 편에서는 이천도예의 믿음직한 후예들(초등학생부터 대학생까지)의 도예작품전도 펼쳐지고 있어 이천도예의 미래를 가늠케 한다. 초등학교부터 대학까지 도자기 가마와 도예학과를 갖춘 이천에서 전통 도예의 맥을 잇는 젊은이들의 모습이 미덥다.

온몸으로 도예 과정을 체험해볼 수 있는 '우리 도자기 한마당' 배움터도 마련되어 있다. 이천 도자기 축제의 핵심 이벤트로 부각되고 있는 '내가 만드는 도자기 코너'가 바로 그곳. 흙을 가지고 조물주처럼 자기

온몸으로 도예 과정을 체험해 볼 수 있는 '우리 도자기 한마당' 배움터도 마련되어 있다. 이천 도자기 축제의 핵심 이벤트로 부각되고 있는 '내가 만드는 도자기 코너'가 바로 그곳. 흙을 가지고 조물주처럼 자기가 원하는 창작물을 마음껏 빚어 볼 수 있는 기쁨이 커 인기가 좋다.

가 원하는 창작물을 마음껏 빚어 볼 수 있는 기쁨이 커 인기가 좋다.

봄 소풍 나들이를 온 어린이들은 정성어린 손길에 점점 도자기 모습이 되어가는 과정이 마냥 신기한가 보다. 옆자리 '도예교실'에서 초벌구이 된 자기에 오래 간직하고 싶은 글과 문양을 새겨 넣기에 몰두해 있는 연인들과 가족들의 모습도 참 행복해 보인다. 이곳에서 완성된 작품은 차후 재벌구이하여 축제 후 집집으로 우송. 안방에서 흙의 찬란한 변신, 도자기를 만날 수 있을 터다.

축제 시기 | 4월 중순 무렵

가는 길 | 중부고속도로 서이천 나들목(영동고속도로 이천 나들목, 수원 · 용인 방면에서 42번 국도, 성남 · 광주 방면에서 3번 국도)⇨이천 소방서와 이천경찰서 사이 설봉공원(행사장)

별미 기행 | 설봉산약수터닭갈비(031-635-4878) | 산야초시절음식(031-678-6506)

행복한 쉼터 | 미란다이천호텔(031-633-2001) | 설봉호텔(031-635-5701)

주변 명소 | 목아불교박물관 | 설봉산성 | 여주 신륵사 | 영릉

여행 정보 안내 | 이천시청 지역경제과 도예담당(031-644-2281) www.ceramic.or.kr
이천도자기축제추진위원회(031-635-7976) www.ceramic.or.kr

타임머신 타고
조선시대에서 놀다

어린이날이 낀 오월 첫째 주다. 어떻게 하면 아이들과 더불어 즐겁고 보람 있는 어린이날을 보낼 수 있을까? 이 무렵만 되면 우리 젊은 부모들은 적잖이 고민된다. 그저 손쉽게 놀이공원으로 향하는 발길은 왠지 진부하거나, 상업적인 곳으로 아이들을 몰고 가는 것 같고…. 이럴 때, 타임머신 타고 조선시대로 돌아가는 '서산 해미읍성 역사체험 축제' 로 달려가면 고민은 끝날 터다.

조선시대 읍성의 원형, 서산 해미읍성

서해안고속도로를 새벽부터 내달려 이른 충남 서산땅 해미읍성. 조선 성종 22년(1491년)에 충남 서북부 내포지역 방위를 위해 평지에 둘레 1800미터, 높이 5미터로 축성한 진영이다. 전북 고창읍성, 전남 낙안읍성과 함께 손꼽히는 이 읍성은 조선시대 읍성의 원형이 가장 잘 보존되어 있다.

성문을 지키고 선 수문장들의 삼엄한 경계가 우선 기선을 제압한다. 육중한 성문 안으로 들어서면서부터 타임머신을 타고 조선시대로 들어가는 듯한 축제 분위기다. 이 축제 대부분의 이벤트는 참여형인 것이 특징. 어쩐지 처음부터 즐거운 혼란에 빠지게 될 것 같은 느낌이 든다.

해미읍성 안에는 격동의 500년 역사책이 펼쳐져 있다. 성안에서는 국내 최초로 생생하게 재현되는 조선시대로의 생활체험축제가 펼쳐지고 있다. 소달구지로 압송되어 가는 죄인과 군졸들의 행렬이 이어진다. 죄수들은 커다란 호야나무 앞에 무릎 꿇려지고.

"뭔 죄래유?" "천주쟁이들이랴, 아마 죄다 죽을 운명이라지."

"왕권을 무시하고 혼란시킨 국죄로 다스린다니까."

압송되는 죄인에게 형벌과 고문이 가해진다. 해미읍성 역사에서 끔찍했던 한 장면이다.

조선 말 천주교 대박해의 상징으로 해미읍성을 빼놓을 수 없다. 내포 일원의 해안 국토 수비를 명목으로 국사범을 독자적으로 처형할 수 있는 권한을 지녔던 해미진영. 1790년대부터 1880년대에 이르는 100여 년간 무려 3천여 명의 천주교 신자들을 국사범으로 처형하였다. 참혹했던 역사다. 두 채의 큰 감옥 터에는 그 당시 손발을 묶고 머리채를 묶어서 순교자들을 매어단 고문대로 사용했던 호야나무 가지의 상처가 아직껏 그 흔적을 보여준다. 한국 천주교 박해의 가슴 아픈 역사를 상징하는 성지聖地가 된 이 자리에선 순교자들을 기리는 종교극이 펼쳐진다.

갑자기 울려 퍼지는 나발과 풍장소리로 시선을 모으는 성문 일원. 오방색 깃발이 펄럭이는 현감 순시 퍼레이드가 거창하게 성안 길을 누빈

다. 조선 중기 1500여 명의 군사를 거느린 무관 영장이 현감을 겸하여
이 지역을 통치하던 모습을 재현한 행렬이다. 이 현감 순시 때 여행자
의 애로사항을 이야기해보는 것도 재치 있는 체험. 웬만하면 바로 해결
된다. 관아에서는 재치 있는 사또의 명판결을 볼 수 있는 '관아체험마
당극'이 펼쳐지고 있다. 관아의 업무를 맡아보던 육방들이 직접 나서서
육방에 대한 설명과 함께 체험할 기회도 준다.

한때는 청년장교 이순신(1545~1598)이 병사를 조련하기도 했던 성안
이다. 이순신 장군 퍼레이드가 펼쳐지는 이곳에서 여행자들은 조선시
대 '불멸의 이순신' 휘하 병사가 되어 훈련에 직접 참여해 본다.

해미읍성에서는 누구라도 죄인이 될 수 있다

팔짱을 끼고 앞서 걷던 젊은 연인들이 갑자기 나타난 조선시대 포졸
들에게 끌려가는 황당한 상황이 벌어졌다.

"왜 그래요? 왜 우릴 끌고 가는 거요?"

오방색 깃발이 펄럭이는 현감 순시 퍼레이드가 거창하게 성안 길을 누빈다. 조선 중기 1500여 명의 군사를 거느린 무관 영장이 현감을 겸하여 이 지역을 통치하던 모습을 재현한 행렬이다.

아무리 소리 쳐봐도 소용없다.

"아니 지금 여기가 어느 시대라고 다 큰 남녀들이 팔짱을 끼고 다니는 겨! 조선의 윤리법도도 모르는 몹쓸 사람들 같으니…."

끌려간 젊은이들은 옛날의 옥사 터 십자형틀에 묶인다. 이어 곤장 세 례로 곤욕을 치르는 젊은이들.

"아이구야, 내 엉덩이! 에구구, 나 좀 살려주세요!"

"이젠 남녀칠세부동석을 지킬 수 있겠느냐?"

이런 진풍경 앞에 포복절도하는 여행자들. 그런데 이건 또 웬 일.

"아니 지금 예가 어디라고 웃는고! 신성한 형장을 모독해도 분수가 있지…. 여봐라, 저 방자한 자들도 모두 옥에 가두어라. 제일 크게 웃은 자는 목칼에 채워서 가두고. 어서!"

우르르 달려드는 포졸들은 구경꾼들을 모조리 굴비처럼 포승줄에 엮어 옥에 가둔다.

오늘날에는 아무렇지도 않은 행동이라도 조선시대에는 죄가 되었다.

끌려간 젊은이들은 옛날의 옥사 터 십자형틀에 묶인다. 이어 곤장 세례로 곤욕을 치르는 젊은이들. "아이구야, 내 엉덩이! 에구구, 나 좀 살려주세요!"

죄인을 압송할 때 쓰던 소달구지 그러나 아이들은 처음 보는 소달구지를 타는 재미에 마냥 신이 나 있다.

이렇게 이 읍성 안에서는 누구라도 죄인이 될 수 있으니 조심할 일(?). 감옥에서 풀려날 수 있는 방법은 단 하나. 역사를 소재로 한 퀴즈 정답을 맞히는 것뿐, 다른 방도는 없다. 그러나 이렇게 황당한 일을 당하면서도 여행자들은 조금도 싫지 않은 표정들. 이만하면 감옥 체험도 행복한 축제인가?

대한민국 화폐는 아무런 쓸모가 없는 장터

성안의 조선시대 장터는 서산의 특산물도 구입할 수 있고, 신명나는 장터 퍼포먼스도 즐길 수 있는 곳이다. 물론 주막에선 전통 먹을거리도 즐길 수 있다. 아니, 그런데 이런 낭패가 있나? 돈 주고도 못 산다니? 이곳에선 지금 우리가 쓰고 있는 화폐는 그저 이상한 그림이 그려 있는 종잇장에 불과할 뿐이다. 이곳에서의 음식이나 물건 구입은 모두 엽전으로만 가능하기 때문이다. 성안으로 드는 진남문 입구에서 이미 엽전

44

으로 환전했어야 했다. 그나마 다행인 것은 그 옛날 곡식의 씨앗을 팔던 잡살전에서 꽃씨를 선물로 받았다.

맘 좋은 주막 아주머니 덕에 배불린 가족들은 민속놀이마당에서 한껏 재주 자랑에 재미를 붙인다. 칠교놀이, 고누놀이, 팽이치기 그리고 장치기, 성돌 나르기, 투호, 방아 찧기 등으로.

민속공연장에서는 집을 지을 때나 지반을 다질 때 행하던 지점놀이와 장례식 때 흙을 다지면서 부르던 달구놀이도 구경하고 체험해 볼 수 있다. 특히 욕심 많은 양반을 풍자하여 건강한 웃음을 자아내게 하는 서산 박첨지놀이를 볼 수 있다. 이 귀한 공연을 만난 것은 크나큰 행운이다. 고려 때부터 전해온 박첨지놀이는 바가지 쪽으로 여러 가지 탈을 만들고, 막 뒤에서 여러 사람이 놀리며 방청석의 관중과 대화 형식으로 진행되는 전통 해학 인형극이다.

해가 서산으로 이울 무렵, 다시 진남루에 올라선다. 조선시대로의 축제 여행중이었던 타임머신은 홍시빛 노을을 서해바다로 가라앉히고 있다. 성문 밖은 다시 21세기 대한민국이다.

축제 시기 | 4월 하순~5월 초순 사이

가는 길 | 서해안고속도로⇨안산⇨서평택⇨해미 나들목⇨해미읍성

별미 기행 | 진국집(041-665-7091)의 '겟국찌개백반' | 우정식당(041-662-0763)의 '밀낙칼국수' | 안흥일품꽃게장(041-681-8601)의 '간장게장백반'

행복한 쉼터 | 행복한 세상(041-663-8577) | 호텔씨에프(041-665-0900)

주변 명소 | 개심사 | 서산마애삼존불 | 간월암

여행 정보 안내 | 서산시청 문화관광과(041-660-2498) www.seosantour.net

도깨비난장에서
자유의 몸짓으로 놀다

…마임으로 만남의 장을 열고

마음으로 사랑의 불을 지피는 축제다.

도시는 낭만적이고 축제는 환상적이다.

온 세상 젊은이들이여,

올해도 마임의 도시 춘천으로 오라!

– 이외수의 인터넷 메시지

우리는 지금 춘천으로 간다

우리는 지금 춘천으로 간다. 춘천 땅에 둥지를 틀고 소설을 써내는 이외수의 '도깨비난장' 인터넷 메시지 유혹에 홀려서.

"…도시는 낭만적이고 축제는 환상적이다. 온 세상 젊은이들이여. 올해도 마임의 도시 춘천으로 오라!"

신록의 싱그러움이 펼쳐지는 북한강변을 따라 가는 길. 강 건너 저편에는 경춘선 기차가 검푸른 강물에 덜컹거리는 속도를 비치며 내달린다. 의암댐이 관문처럼 지키고 서 있는 춘천시 들머리. 가슴에 푸른 물을 담고 있는 댐 물은 햇살 받아 등 푸른 물고기 비늘처럼 찰랑찰랑 눈부시다. '호반의 도시 춘천'이 실감난다. 저 호반은 연평균 50여 일이나 마왕의 숨결처럼 지독한 안개를 내뿜는다. 이 안개 무리는 때론 야릇한 일탈마저 충동질할 것 같은 요녀妖女의 마력을 지닌, 잡힐 듯 잡히지 않는 존재다.

마임을 사랑하는 사람들의 향연

'호반의 도시'라는 춘천의 이미지를 한껏 살린 공지천에서의 '물굿'으로 그 막을 여는 마임 축제 전야제. '거리축제'를 알리는 우리 가락이 명동 일원에 울려 퍼지자 자리가 좁도록 모여드는 축제객들. 거리공연 팀의 게릴라식 다양한 마임 공연이 한껏 축제 분위기를 띄운다. 신세대들은 연신 환호를 내지르고, 공짜로 삐에로 분장을 받은 연인들은 "호호, 깔깔!" 즐거운 표정들이다. 축제의 화려한 서곡에 마춰되어 가는 젊음이 좋은 밤이다. 마임 세상이 좋은 밤이다.

본격적인 마임은 나흘에 걸쳐 공연무대 공간에 따라 예술적인, 연인을 위한, 가족을 위한 마임 공연과 향교, 교회 그리고 소외된 지역, 아파트 등을 찾아 움직이는 마임 공연으로 펼쳐진다. 유진규를 비롯한 국내 10여 개의 마임 극단과 외국의 마임이스트들이 선보이는 마임 공연의 진수는 축제객들을 초반부터 황홀하게 만들고 있다.

어디든지 찾아가서 펼쳐지는 마임 축제. 아파트 주민들의 저녁시간도 행복하게 만든다.

"마임 공연이 너무 좋아 오늘 저녁은 정말 멋지네요." "너무 아쉬워요, 마임 사랑해요!"

열린 무대에서 마임이스트들의 몸짓과 표정을 통해 삶의 뜻을 무언의 대화로 나누는 순간, 잊어버린 환상을 다시 찾는 꿈을 꿔보아도 좋은 밤은 여기서도 해당된다.

춘천을 이렇게 '마임의 도시' 같은 공연예술의 명소로 일궈온 자부심에는 '진정한 축제란 무엇인가?' 라는 화두를 풀어오면서 일련의 만만치 않은 일들을 일궈온 지역문화 일꾼들의 땀이 숨겨져 있다.

한림대학 앞 '마임의 집'은 춘천 마임의 움터다. 오늘날의 '춘천 국제 마임 축제'가 가능하게 한 마임의 살아 있는 신화 유진규 씨가 대표로 있는 마임 무대다. 축제 기간 외에도 매주 토요일 저녁에 찾아들면 어김없이 수준 높은 무언의 몸짓을 감상할 수 있는 카페다. 조명이 꺼지자 등장한 마임이스트의 몸짓은 아주 자유로운 매력으로 다가든다. 순

공짜로 삐에로 분장을 받은 연인들은 "호호, 깔깔!" 즐거운 표정들이다. 축제의 화려한 서곡에 마취되어 가는 젊음이 좋은 밤이다. 마임 세상이 좋은 밤이다.

간순간 배우들의 숨소리까지 느껴가면서 감상하게 되는 섬세하면서도 원초적이고, 광적인 연기…. 탄성이 잦아진다. 유진규 씨는 말한다.

"마임 감상은 작품의 주제 파악과 몸짓의 아름다운 조화, 드라마틱한 극 전개를 감상 후 그 마임을 상상케 하는 메시지의 곱씹음 등으로 그 재미와 진가를 더해 가는 예술입니다."

아름다운 일탈을 꿈꾸는 밤샘 도깨비난장

오늘 밤, 밤샘 도깨비난장에서 버틸 수 있는 힘을 비축해 두려 명동 '닭갈비 골목'으로 잠입한다. '춘천의 맛' 하면 춘천 막국수와 닭갈비가 아니던가. 달궈진 맥반석 위에 양배추, 고구마, 깻잎, 가래떡 등이 먼저 올려지고 고추장, 참기름, 대파, 청주 등 갖은 양념을 하나하나 발라 하룻밤 잠재웠다는 각 뜬 닭고기가 그 위에 또 올려진다. 야채에서 물기가 슬금슬금 나오기 시작하면서부터 자르고 비비고 익혀 먹는 맛이라니! 기차다.

도깨비난장亂場? '춘천 국제 마임 축제'의 고유 레퍼토리이면서 하이라이트다. 주말 밤에 10만여 평의 고슴도치섬 야외무대에서 무박 2일간 펼쳐지는 판이다. 우리 고유의 난장처럼 해질 녘에 막을 올리고 동틀 무렵 새날을 맞이하면서 막을 내린다. 도깨비처럼 어둠의 마력이 가져다주는 일탈의 해방 속성을 마음껏 누릴 수 있어 좋은 난장이다. 내 이메일 주소 'nanjang777'에는 바로 이 도깨비난장의 열정을 간직하고자 하는 바람이 깃들어 있다.

밤 9시 30분. 동편 봉의산 너머로 둥실 떠오른 달빛 아래 시원한 강바람을 맞으며 도깨비난장판은 '지신밟기 굿마당'부터 펼쳐진다. 무당의 주문은 오늘 밤새 광기를 부추길 밤도깨비들을 불러내고 있다. 팽팽한 청바지를 입은 여자도깨비들이 돼지머리상 앞에 나와 말 궁둥이보다 더 부풀어 오른 엉덩이를 추켜들고 넙죽넙죽 큰절들을 잘도 올린다.

공연이 시작된다. 마임 공연이 있고, 토털 음악의 선두주자 한영애의 열창!

"~잠자는 하늘님이여, 이제 그만 일어나요. 그 옛날 하늘빛처럼 조

율 한번 해주세요~."

　달아오르는 난장은 금세 자정을 넘긴다. 축제객석 여기저기에서 막
걸리가 무제한 공짜로 돌려진다. 알딸딸해지기 시작하는 밤도깨비
들….

밤은 어느새 2시를 지나고 있다. 그룹사운드 훠엠과 어어부밴드의 록음악에 마음놓고 광기를 벌이는 판이다. 도깨비조명은 안개가 피어오르는 무대를 마구 휘젓는 가운데 "우하! 우하! 우하하!" 절정에 달하는 난장. 퍼포먼스 공연과 패션 분장 쇼에다가 문학도 무대에 올려진다. 마임을 사랑하여 팔도에서 모여든 이들이 막간을 이용하여 사투리대회도 연다.

이 난장판을 밤새 구경하던 달이 서녘으로 이울 무렵이다. 어느 새 밤도깨비들이 가장 싫어하고 두려워하는 새벽이 밝아온다. 밤새 달빛 바라기하며 흐르던 공지천은 새벽안개를 날숨거리기 시작하고 있다. 하지만 하룻밤을 꼬박 지새면서 예술과 낭만, 자유라는 제의祭儀의 도깨비난장판을 관통해온 젊은이들은 아직도 건재하다. 잘 논다는 것이 무엇인가를 제대로 보여준 한마당이다. 이 경이로운 추억을 안겨주는 춘천을 우리 시대 젊은이들이 가장 가보고 싶은 도시로 꼽을 만도 하다.

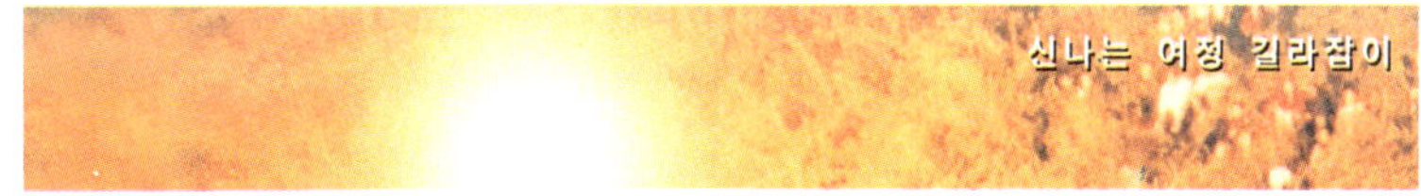

축제 시기 | 5월 하순 무렵

가는 길 | 경춘가도⇨춘천 마임축제장(도깨비열차 청량리역⇨춘천역)

별미 기행 | 명동 뒷골목의 원조 닭갈비촌 | 별당막국수(033-254-9603)의 '막국수'

행복한 쉼터 | 춘천베어스호텔(033-256-2525) | 강촌리조트(033-260-2000) | 강촌유스호스텔(033-262-1201)

주변 명소 | 소양호 | 청평사 | 김유정문학촌 | 국립춘천박물관 | 애니메이션박물관

여행 정보 안내 | 춘천시청 문화예술과(033-250-3545) http://tour.chuncheon.go.kr 춘천국제마임축제위원회(033-242-0585) www.mimefestival.com

일찍이 열린 세계로의 이상을 실현한 그를 기리고자 이곳 사람들은
월출산 자락 왕인 박사 유적지 일원에서 벚꽃 좋은 4월에 '영암 왕인 문화 축제'를 펼친다.

아스카 문화의 아버지
왕인 박사를 기리다

얼을 깨우쳐 주는 이는

오래 오래 칭송받을 위인

왕인의 열린 마음을 배우고

월출산 기암 연봉의 기氣를 받아 보자

일본 문명의 개조開祖 왕인 박사를 만나다

전남 영암은 일찍이 백제시대부터 고대 중국과 일본의 교역 거점으로 선진 국제문화가 싹텄던 지역이다. 당시 서남해로 이르는 영산강 물줄기를 따라 바닷길이 열려 있던 국제 무역항 상대포(지금의 구림마을, 간척사업으로 포구는 사라졌다)는 왕인박사가 일본으로 건너갔던 곳이다.

왕인은 왜왕 응신應神의 초청을 받아 『논어』 10권과 『천자문』 1권을 가지고 도공陶工·야공冶工·와공瓦工 등 수십 인의 기술자들과 일본으로 건너가 태자의 스승의 되어 군신들에게 경사經史와 예학을 가르쳤으며, 일본 가요를 창시하고 공예를 전수하는 등 아스카 문화의 시조가 되었다. 일찍이 열린 세계로의 이상을 실현한 그를 기리고자 이곳 사람들은 월출산 자락 왕인 박사 유적지 일원에서 벚꽃 좋은 4월에 '영암 왕인 문화 축제'를 펼친다.

영암에서 월출산을 돌며 구림의 왕인 박사 유적지까지 이어지는 819번 지방도로는 축제 무렵, 길길이 벚꽃띠를 이룬다. 월출산 최고봉인 천왕봉天王峯(현재 표기된 천황봉天皇峯은 일제에 의해 조작된 지명이다)을 중심으로 불쑥불쑥 솟아난 기암능선은 그린 듯한 풍경이다. 과연 인문지리학의 선구자 이중환이 『택리지』에서 "한껏 깨끗하고 수려하여 화성火星이 하늘로 오르는 산세"라고 묘사한 대로 영험한 기운마저 느껴진다.

구림마을 동편 문필봉 기슭에 자리한 문산재文山齋는 왕인 박사가 공부했던 곳이다. 백제문(정문)으로 들어서니 왼편엔 왕인정화비(일본에서 헌정했다), 그 맞은편엔 전시관이 서 있다. 문 하나를 더 들어가면 왕인 사당인데, 축제 개막에 앞서 이곳에선 추모 제례가 거행된다. 아스카 문화의 원류를 꽃 피운 그의 업적을 찾아온 일본인 관광객들의 모습이 눈길을 끈다.

왕인 사당 광장 한편에선 학업에 전념하게 하는 효험이 있다는 '학업 성취 부적 판화' 찍기에 여념이 없는 숱한 '맹모孟母'들을 만날 수 있다. 자녀들을 왕인 박사처럼 훌륭하게 키우고 싶어 하는 대한민국 엄마들의 간절한 마음이 아닐까? 이윽고 축제 개막 굿으로 '구림에서 아스카로 부는 바람'이 펼쳐진다. 물과 인연이 있는 왕인의 혼을 불러 모시고

소통과 상생의 만남을 주선한다.

　이곳 구림마을은 명필가 한석봉이 스승을 따라와 배우고 자란 곳이기도 하다. 그 유명한 '한석봉 글씨와 어머니의 떡' 설화가 태어난 배경마을이다.

　"당대 최고 명필가 한석봉 엄니가 여그 구림마을 장터에서 떡 장사를 했지라."

　한석봉이 쓴 박흡 장군의 가택 현판 '육우당六友堂'이 눈길을 끈다.

"왕인박사 일본 가오! " 거리 행렬에 어울려들다

　아침나절, 햇살 고운 왕인공원 벚꽃 그늘에선 영암 주민들과 축제객들이 화전놀이 '들놀음, 꽃놀음'에 신명나게 어우러진다. 화전 머금은 내 입에 연분홍 진달래꽃, …향긋하다.

　자아, 이제 왕인 박사를 따라 현해탄 건너 일본에 우리 문화를 전해주러 나설 차례다. 벽사의식과 축원에 이어 초빙극이 펼쳐진다.

자아, 이제 왕인 박사를 따라 현해탄 건너 일본에 우리 문화를 전해주러 나설 차례다.

문 하나를 더 들어가면 왕인 사당인데, 축제 개막에 앞서 이곳에선 추모 제례가 거행된다.

"왕인 박사 일본 가오!"

영암 속의 백제 문화와 왕인 박사의 업적 그리고 아스카 문화 교류를 상징하는 거리 행렬이 시작된다. 배움의 길을 넓히고자 하는 이들이 염원을 모아 소원을 적은 종이를 단 배움의 등燈이 줄지어 달린 왕인로王仁路는 지금 소통과 상생의 길로 변신한다. 기모노 차림의 일본 사신 일행도 뒤를 따른다. 행렬을 따라 나선 여행자들은 모두 타임머신을 타고 1600년 전의 시간 속으로 들어가 있다.

영암 도기문화센터에서는 장인이 빚은 흙과 장작 가마 불 속에서 영암도기가 탄생하고 있다. "영암도기는 중후한 자연 그대로의 멋을 풍겨, 보면 볼수록 마음속에 스며든다"고 이석희 소장이 일러준다. 사전에 예약(061-470-2556 www.gurim.org)하고 찾으면, 전문 큐레이터의 도움을 받아 황토로 원하는 도기를 만들 수 있는 체험도 아주 귀한 축제 여정이다. 풀잎이 파릇파릇한 뜨락에서는 삶의 어울림을 빚은 황토그릇들이 구림도기의 어제와 오늘을 보여준다. 질박한 아름다움에서 뭉클한 친근감이 묻어난다.

천자문 250계단에 한자 실력을 물어보다

영암 왕인문화축제에는 독특하고 흥미로운 이벤트가 또 하나 있다. '도전! 천자문'이다. 망월정으로 오르는 250계단에는 천자문이 새겨 있다. 한자의 본향 중국에도 이런 계단이 있을까 궁금하다. '천지현황天地玄黃 우주홍황宇宙洪荒'으로 시작되는 한자가 각 단마다 네 글자씩 새겨 있는 것을 읽어내야 한다. 생각보다 만만치 않은 도전 과제다. 점수를 따지는 시험장이 아니라 그저 흥겨운 놀이마당이니, 다들 틀렸다고 무안을 주는 일도 없다. 오히려 기발한(?) 오답이 나올 때마다 한바탕

망월정으로 오르는 250계단에는 천자문이 새겨져 있다. 이곳에서는 '도전! 천자문' 행사가 열린다.

웃음바다를 이룬다. 그러나 소시 적에 서당에서 한문공부 꽤나 하신 어르신네들은 자못 진지하게 250계단을 모두 통과하여 망월정에 오르는 실력을 발휘한다.

논어광장에는 영암고을 큰 장터가 흥청거린다. 영암 명가음식전의 맛난 별미들이 축제객의 구미를 당긴다. 그만큼 남도의 맛은 중독성이 강하다. 월출산의 공룡등 같은 암릉이 멀리서부터 보일라치면 그 그리운 맛에 벌써 입안 가득 침이 고이기 시작한다. 이곳 영암만에서 첫손에 꼽히는 별미는 갈낙탕이다. 전라도 한우갈비와 개펄에서 잡힌 낙지가 어우러진 탕으로, 아무리 바쁜 여정이라도 한 그릇 비우지 않고서는 발걸음이 떨어지지 않는다. 갈낙탕이 나오기 전, 한 잔 술에 곁들이는 '낙지호롱구이' 맛 또한 기가 막히다. 살아 있는 세발낙지를 나무젓가락에 칭칭 감아 양념을 바른 후 석쇠에 살짝 구워서 내놓는 이 안주거리는 연하게 씹히는 맛이 천하일품이다! 영암땅 여정에서 빼놓을 수 없는 별미 기행이다.

축제 시기 | 4월 초순 무렵

가는 길 | 서해안고속도로⇨목포 나들목⇨2번 국도⇨819번 지방도로(독천)⇨영암
호남고속도로⇨광산 나들목⇨13번 국도(영암방면)⇨영산포⇨영암

별미 기행 | 동락식당(061-473-2892)과 청하식당(061-473-6993)의 '갈낙탕·낙지구이' |
월출산(061-473-2567)의 '낙지연포' | 중원회관(061-473-6700)의 '짱뚱어탕'

행복한 쉼터 | 월출산온천관광호텔(061-473-6311) | 월출산 펜션(061-473-5877) |
월출산장(061-472-0405)

주변 명소 | 월출산 | 도갑사 | 천황사

여행 정보 안내 | 영암군청 문화관광과(061-470-2348) www.yeongam.go.kr

봄 아지랑이가 피어오르는 축제마당엔 청도의 누렁소들과 친해볼 수 있는 체험 이벤트가 널려 있다.

청도 소싸움 축제

황소들의 넘치는 뚝심과 투지로 재충전하다

봄 아지랑이가 피어오르는 축제마당엔 청도의 누렁소들과 친해볼 수 있는 체험 이벤트가 널려 있다. 그 가운데 '전통한우 로데오 경기'는 아주 이국적인 볼거리다. '로데오 경기'는 서구의 농경사회에서 야생마나 거친 소를 길들이는 목동들의 놀이에서 유래한 것인데, 오늘날에도 미국 서부에서 연중행사로 펼쳐지는 카우보이들의 축제 가운데 주요 이벤트다.

나른한 봄날의 특별한 활력, 전통한우 로데오 경기

흥겨운 아메리카 컨트리송이 울려 퍼지자, 30여 명의 주한 미국인 카우보이들이 환호를 지르며 전통한우를 타고 통나무 목책을 두른 원형 경기장으로 등장한다. 얼마나 오래 소등에서 버티는지에 따라 최고의 카우보이를 뽑는 이 로데오 경기는 손에 땀을 쥐게 한다.

미친 듯이 날뛰는 누렁소 등에서 대부분의 카우보이들은 재주도 부려보기 전에 나가떨어지지만 로데오 경력 15년째인 오클랜드 출신 제임스 레이던스의 다이나믹한 묘기는 신기神技에 가깝다. 춤추듯 멋지게 소를 부리는 그에게 연신 뜨거운 갈채가 쏟아진다.

‘예쁜 소 뽑기 대회’ 마당에는 청도군 각 마을에서 뽑힌 누렁소들이 꽃단장한 채 아이들의 사랑을 독차지하고 있다. 덜커덩 덜그럭거리는 소달구지를 타보는 체험은 아이들에게는 신기하기 그지없다. 이 축제 마당에서 빼놓을 수 없는 또 하나의 청도 명물은 천성이 본래 순하여 싸움소가 되지 못한 ‘순덕이’다. 평소 주인 손성호 씨가 들일을 나갈 때나 장에 갈 때에 자가용 노릇을 하던 소다. 이름만큼이나 순한 눈망울을 꿈벅거리며 사람들에게 잔등을 내준다.

한 손은 하늘로 향하고, 다른 손으론 소를 잡아 얼마나 오래 소등에서 버티는지에 따라 최고의 카우보이를 뽑는 이 로데오 경기는 손에 땀을 쥐게 한다.

스페인 투우보다 더 재미있는 청도 소싸움

전국의 소 싸움판을 누비며 싸움 실력을 과시해온 내로라하는 싸움소 150여 두, 현해탄을 건너온 일본의 최고 싸움소들 그리고 멀리 태평양을 건너온 아메리카 싸움소들 간에 각축전이 벌어지는 이곳 소싸움장은 닷새 동안 뜨겁게 달구어진다. 국내 TV 중계는 물론 미국, 일본, 스페인 등의 외국 언론 취재 열기도 뜨겁다. 국내 잔치를 벗어나 이제 명실공히 국제 잔치로 발전하고 있다.

올해도 '청도 소싸움 축제'의 빅게임은 역시 한·일 축구 경기만큼이나 그 열기가 뜨거운 한·일 친선 소싸움 경기다. 막판 최고 중량급 싸움소 한국의 '번개' 대 일본의 '마나부'의 힘겨루기가 벌어진다. 드디어 양국의 대표 싸움소가 위풍당당하게 입장한다. 1톤에 가까운 거구를 자랑하는 두 싸움소는 먼저 기 싸움을 벌인다. 투우장을 빙빙 돌면서 뱃속에서 울려나오는 우렁찬 소리로 상대를 제압한다.

두 싸움소가 시속 40킬로미터로 달리는 1톤 트럭이 정면으로 들이받는 충격과 맞먹는 파괴력으로 서로 맞부딪치니 구경꾼들로서는 아찔하기 그지없다. 거친 숨을 몰아쉬면서 뿔치기, 머리치기, 목치기 등

'예쁜 소 뽑기 대회' 마당에서는 청도군 각 마을에서 뽑힌 누렁소들이 꽃단장한 채 아이들의 사랑을 독차지하고 있다.

다양한 재간을 구사하며 격렬히 맞선다. 막상막하, 한동안 미동조차 않는 두 싸움소 사이에 숨 막히는 정적이 흐른다. 그러다가 한순간 우리의 번개가 우직하게 몰아붙이자 객석에선 함성이 터져 나오지만 마나부도 그리 쉽게 밀리지는 않는다. 밀고 밀리는 공방전이 25분쯤 지났을까? 순간, 힘에 부친 마나부가 잽싸게 내뺀다. 그 순간 번개가 그야말로 번개처럼 뒤쫓아가 마나부의 장딴지를 받아버린다. 목책 쪽으로 완전히 떠밀린 마나부가 기진맥진 혀를 길게 빼고 만다. 순간, 3만여 관객들이 일제히 일어나 "와! 와!" 우레와 같은 함성을 지르며 번개의 통쾌한 승리에 환호한다. 이로써 한·일 친선 소싸움 경기는 17전 8승 6패 3무승부로 우리 소들이 한 발 앞서가고 있다.

차산농악의 대동한마당과 카우와 붕가의 캐릭터 쇼가 축제의 피날레를 장식한다. 스페인의 투우는 사람이 소를 창으로 찔러 죽이는 잔인한 '죽음의 경기'지만 우리의 소싸움은 그와는 차원이 다른 '신사적인 경기'이면서도 훨씬 재미있다.

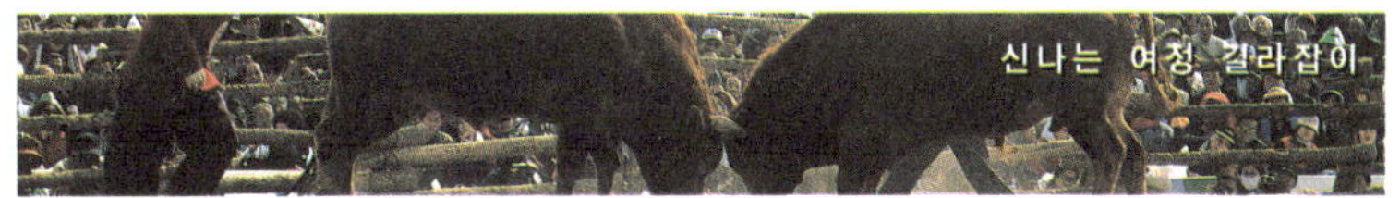

축제 시기 | 3월 초·중순 무렵

가는 길 | 경부고속도로 북대구 나들목⇨신천대로⇨청도방면 30번 지방도로⇨청도 서원천변

별미 기행 | 운문산가든(054-373-5559)의 '한우등심구이' | 향미식당(054-371-2910)의 '추어탕'

행복한 쉼터 | 용암온천관광호텔(054-371-5500) | 르망스 호텔(054-371-0310) |
뉴그랜드(054-373-6190)

주변 명소 | 운문사 | 선암서원 | 학소대폭포 | 운문댐 | 용암온천 테마랜드

여행 정보 안내 | 청도군청 문화관광과(054-370-6373) www.cheongdo.co.kr
www.청도소싸움.kr

한국판 모세의 기적,
신비의 바닷길을 건너다

섬으로 드는 길목인 진도대교에 이르면, 진돗개조각상이 마중이라도 나온 듯 반긴다. 상판만을 매어단 허궁다리 아래로 "좌아악" 소리치며 용틀임하는 울돌목의 물살은 여전히 세차다. 이순신의 무적함대가 그 거센 물살을 이용하여 왜군 함대를 괴멸시킨 바로 그곳이다.

멋들어진 진도대교 너머로 해상국립공원의 올망졸망한 섬들이 그림 같은 풍광을 풀어 놓고 있다. 섬의 동남단 회동 가는 801번 해안도로는 환상의 드라이브 코스다.

봄기운이 한창 피어날 무렵, 섬의 풍정風情은 절정에 이른다. 붉은 황토 구릉 사이사이로 샛노랗게 채색된 유채꽃밭, 갓 내밀기 시작한 모가 지들이 푸르게 일렁이는 보리밭 너머로 은빛 물결이 넘실거리고, 그 망망대해 저 편으로는 한라산이 아스라하다.

바다의 속살까지 열어놓는 영등살

바닷길이 열릴 때를 기다리는 동안 회동 앞바다에선 오색 풍어 깃발을 펄럭이는 수십 척의 어선들이 해상 선박 퍼레이드와 뗏목놀이로, 회동 야외 민속공연장에선 진도민속 공연으로 흥을 돋운다.

뽕할머니기원상 앞에선 뽕할머니 전설을 기리는 용왕제가 열린다. 호랑이가 자주 나타나 '호동'으로 불렸던 그 옛날, 이곳 사람들은 뗏목을 타고 앞바다 건너 모도로 피했는데 그만 홀로 남겨진 뽕할머니…. 헤어진 가족들을 만나고 싶어 날마다 용왕님께 기원한 끝에 그 정성으로 바닷길이 열렸지만 기진맥진한 할머니는 소원을 이루어지자마자 운명한다. 이런 기적을 '영靈이 등천登天하였다' 하여 '영등살이'라 부르고 제사를 모셔 왔는데, 지금의 '진도 영등축제'가 되었다.

드디어 바다가 열릴 시간이다. "길이 열려요, 꿈을 펼쳐요"라는 개막 주제가 선언되고, '영등살이'의 유래가 낭독되는 순간, 회동에서 모도 사이의 바다가 수줍은 듯 가만가만 그 깊은 속살을 드러낸다. 걸립패의 신명난 풍물울림을 따라 수만의 인파가 바닷길로 들어선다. 2.8킬로미터의 바다 사구가 40여 미터 폭으로 드러나 두 섬을 완전히 이어 놓는 순간, 바닷길 대영합회가 장엄한 무지개 모양의 띠로 이어진다. 바닷길 한가운데에서 만난 양쪽의 축제객들은 한껏 신명을 드높인다.

세계자연유산으로도 등록된 이 바닷길 열림 현상은 음력 삼월 보름을 갓 지난 대사리 때 일어난다. 매일 해넘이 전 한 시간 정도 신비로운 바다의 속살을 보여준다.

해질녘 가학리 셋방 낙조는 진도 여정의 마침표다. 진양조로 붉게 지는 저녁놀이 발가락섬(양덕도)과 손가락섬(주지도) 사이로 빠지는 풍정風情은 가히 몰아접경沒我接境이다.

햇살 부신 운림산방雲林山房 마루에 앉아 남도 명창이 뽑아내는 진도소리에 취해 시간 가는 줄 모르다.

넋조차 달래는 진도 소리와 몸짓

진도의 밤은 그밖에도 여러 진귀한 예흥藝興을 선사한다. 4월부터 10월까지 매주 토요일 저녁에 진도향토문화회관에서 '남도민속기행'이 막을 올리고, 축제 기간에 야외 특설무대에서는 '강강술래' '남도 들노래' '다시래기' 등의 진도 토속문화 한마당이 펼쳐진다.

진도는 우리 소리의 본향 가운데 하나다. 특히 정한의 시나위 진양조 장단으로 부르는 무가와 어우러진 무녀의 춤사위는 보는 이의 영혼마저 울린다. 한 맺힌 넋들을 달래는 '진도씻김굿'판에 둘러앉은 이들에게 그 울림은 "참말로 징허디 징헌 소리"다.

축제객들이 중몰이장단에 한 자락씩 돌려가며 불러대는 진도아리랑

소리판도 걸다. 무대 위의 남도예인들이 선소리를 하면, 관객들의 흥겨운 뒷소리가 끝없이 물고 물린다.

오동나무 열매는 감실 감실

큰애기 젖통은 몽실 몽실

서방님 오까매이 괴를 벗고 잤더니

문풍지 바람에 설사가 났네 ~

아리 아리랑 서리 서리랑

아라 리가 났~ 네 ~

아~ 리랑 음-음-음

아라 리가~ 났네 ~

밤이 이슥하도록 향토주점에서도 진도 홍주紅酒의 흥에 겨운 진도아리랑은 그칠 줄 모른다. 남도민중들 삶의 고샅 고샅을 풀어가며 불리는 노랫말이 무려 700여 수라 하니 어찌 그 끝이 있겠는가.

신나는 여정 길라잡이

축제 시기 | 음력 3월 보름 갓 지난 대사리 때

가는 길 | 서해안고속도로⇨목포 나들목⇨영산강 하구언 방조제 지나 우회전⇨영암방조제⇨금호방조제⇨진도대교(18번 국도)⇨회동마을 신비의 바닷길

별미 기행 | 제진관(061-544-2419)과 문화횟집(061-544-2649)의 '간재미회' | 신천지(061-544-7077)의 '구기자 한우 꽃등심' | 다도해관광회센터의 '농어, 감성돔회'

행복한 쉼터 | 태평모텔(061-542-7000) | 남강모텔(061-544-6300) | 프린스모텔(061-542-2251)

주변 명소 | 운림산방 | 남도석성 | 관매도 | 청용리의 개매기체험 | 죽림리의 조개잡이 체험

여행 정보 안내 | 진도군청 문화관광과(061-544-2649) www.jindo.go.kr

궁중에 바치는 진상품으로 이름난 '한산모시진상의식'에 이어지는 '모시진상마당극'은 모시와 해학이 어우러지는 즐거움을 선사한다.

세모시 차려입은
여인의 아름다움에 반하다

축제의 주무대는 한산 지현에 자리한 한산모시관이다. 한산모시 반짝 경매가 끝나고 모시 진상 행렬의 행진으로 축제의 서막이 오른다. 궁중에 바치는 진상품으로 이름난 '한산모시진상의식'에 이어지는 '모시진상마당극'은 모시와 해학이 어우러지는 즐거움을 선사한다.

한복디자이너 이영희 씨가 꾸민 '모시옷 패션쇼'는 우리 모시옷의 아름다운 진면목을 감상할 수 있는 멋자랑 무대다. 모델들이 세모시로 지은 겨레옷의 맵시를 한껏 뽐내며 등장한다. 신록의 푸르름이 더하는 오

월, 저녁 해거름 노을 자락을 등지고 무대 위 모델들이 행진해 올 때마다 한산모시옷의 아름다움에 탄성을 내지르는 외국인들— "오우, 뷰티풀 코리아 한산모시!"

문득 모시옷을 소재 삼아 농익은 해학으로 풀어낸 우리 민요 한 자락이 떠오른다.

모시야 적삼 아래 / 연적 같은 저 젖 보소
많이 보면 병납니더 / 담배 씨만큼 보고 가소

한산세모시에 우리 품새의 뿌리로 천연염색물을 곱게 들인 옷차림은 너무 곱다. 우리나라 전통복식문화의 부활과 패션 고부가가치 상품으로써의 발전 가능성을 충분히 보여주는 축제마당이다.

축제마당 한편의 모시전수교육관과 전통공방은 한산모시 제조 과정을 제대로 알 수 있는 공간이다. 모시 베끼기부터 째기, 삼기, 날기, 감기, 짜기, 물들이기까지의 모든 과정을 몸소 체험할 수도 있다. 축제광장에서는, 한산면 일대에서 고유의 민속놀이로 성행해온 삼기, 매기, 짜기 등 모시 길쌈의 모든 과정을 모시 명인들이 연출하는 '저산 팔읍 길쌈놀이'로 신명이 절정에 달한다.

복제가 불가능한 천연섬유 한산모시와 베틀소리

1일과 6일 아침 7시부터 열리는 모시장에서는 잠자리 날개처럼 가볍고 결 고운 모시 한 필에 30~50만 원을 호가한다. 그 정성과 공력을 생각하면 당연한 값이겠지만 한산 세모시옷 한번 입어보고 싶은 욕심은 일치감치 접어야 했다. 그 대신 이색적인 풍물장터 정취에 아쉬움을 달랬다.

신라 때 한 노인이 건지산에서 유난히 깨끗하고 잘난 풀이 있어 껍질을 벗겨보니 부드럽고 늘씬하여 그 껍질로 베를 짜내기 시작함으로써 탄생한 모시는 아직껏 복제가 불가능한 천연섬유다.

한산에는 모시의 명산지답게 모시 짜는 이들이 많지만 정말로 솜씨 좋은 장인을 만나기란 그리 쉽지 않다. 무형문화재 제1호로 선정된 나

상덕 장인匠人(67세)을 만나려고 한산면 동산리를 찾았다. 그의 안마당 움집에선 잘그덕 잘그덕 베틀소리가 새나온다. 그는 거칠어진 손으로 손수 짜낸 모시 피륙을 펼쳐 보이며 슬픈 가락에 엮어온 모시짜기 외길 인생을 찬찬히 풀어 놓는다.

"모시 짜내기는 까다롭기 그지 없어유. 새벽 모시장이 서면 첫날 모시풀로 만든 태모시를 사다가 물에 적셔 굵기를 고르게 하기 위해 일일이 앞니로 물고 가늘게 모시째기를 먼저 해내지유. 그리곤 세모시, 중모시, 막모시로 구분하는디, 가늘고 곱기가 뛰어난 모시가 바로 한산세모시지유…. 그 다음으론 모시올을 무릎에 한 올씩 부벼 문질러 잇는 모시삼기를 하는디유, 모시째기와 모시삼기를 몇 날 동안 하다보면 입술이 죄다 벗겨지고 손톱이 깨져나가는가 하면 무릎살도 벌겋게 짓물러버려유…. 거기에 올수를 맞추고, 이음새를 매만져 실타래로 감으면 베틀에 앉기 직전의 모시굿이 완성되는 거지유."

신라 때 한 노인이 건지산에서 유난히 깨끗하고 잘난 풀이 있어 껍질을 벗겨보니 부드럽고 늘씬하여 그 껍질로 베를 짜내기 시작함으로써 탄생한 모시는 아직껏 복제가 불가능한 천연섬유다.

한복디자이너 이영희 씨가 꾸민 '모시옷 패션쇼'는 우리 모시옷의 아름다운 진면목을 감상할 수 있는 멋자랑 마당이다. 모델들이 세모시로 지은 겨레옷의 맵시를 한껏 뽐내며 등장한다.

그러나 막상 모시옷감을 짜내는 일은 여기서 시작이다. "한 필을 짜내려면 열여덟 굿이 나와야 하는디 한 굿은 한 이틀 걸리지유. 그렇게 한두 필 짜서 삼일 째 장에 내다 팔러 나설려면 얼마나 힘들어겠슈. 그것도 살림 다 해가문서."

한산 아낙네들은 이런 어려움을 잊자고 노동요를 부르며 베를 짜냈다. "하늘에다 베틀 놓고 / 구름 잡아 잉아 걸고 / 올공졸공 짜노라니 / 조고마한 시누이가 / 그 베 짜서 뭐할라요 / 서울 가신 자네 오빠 / 강남 도포 해줄라네."

축제 시기 | 5월 초순 무렵

가는 길 | 서해고속도로 서천 나들목⇨한산 모시문화관 축제장

별미 기행 | 서해안횟집(041-952-3177)의 '주꾸미 요리' | 건지산회관(041-951-9444)의 '버섯매운탕'

행복한 쉼터 | 모텔금강비치(041-956-8811) | 백이모텔(041-952-4812) | 민박 서면(041-952-1861)

주변 명소 | 동백정 | 춘장대 | 신성리 갈대밭 | 금강 하구 | 마량포 동백정

여행 정보 안내 | 서천군청 문화관광과(041-950-4225) www.seocheon.go.kr
　　　　　　　한산모시관(041-951-4100)

한국의 쥐라기 공원에서
공룡과 어울려 놀다

경남 고성 바닷가. 공룡나라를 찾아 무려 1억 천만 년 전 백악기로 거슬러 오르는 여정이다. 고성군 하이면 덕명리 바닷가에 자리한 상족암 군립공원 해안 6킬로미터는 그야말로 공룡왕국이다. 이곳에 세계 최초로 건립된 공룡박물관에 들면 공룡에 대해 100배는 더 잘 알게 된다. 참으로 거대한 공룡 화석들이 마치 다시 살아 움직일 것만 같은 느낌에 아이들은 탄성을 지른다.

'하늘열림기원제'로 막을 여는 공룡축제마당은 지금 원시시대로 돌

70

아가 있다. 선사민속촌에선 돌도끼 등으로 치장한 '선사인 퍼포먼스'가 실감을 더해준다. 해변 한편에선 공룡 울음소리와 원시춤 음악에 맞추어 '볼풀에서 공룡 찾기' '공룡 알 멀리 던지기' '물풍선으로 공룡 사냥하기' 등의 '선사인 올림픽'과 '공룡 퀴즈 대작전'이 축제객들의 신명을 돋운다. 축제장 주위를 맴도는 캐릭터 고룡이는 연인이나 어린이들에게 깜찍한 사진친구가 되어준다. 직접 공룡 화석에 석고를 부어 '공룡 발자국 화석 뜨기'도 재미있는 체험이다. 손수 뜬 화석 본을 집으로 가져가서 거실이나 서재를 백악기 시대 분위기로 연출할 수도 있다.

공룡 발자국 따라 떠나는 '세계 3대 공룡발자국 화석지' 탐험

천연기념물 제411호로 지정된 덕명리 갯바위바닷가는 공룡 발자국 화석을 직접 관찰하기 좋은 곳이다. 발자국화석 산출 밀도가 세계적으로 가장 높은 지역이기 때문이다. 너른 암반 위에 찍힌 공룡 발자국을 직접 눈으로 보고, 바닷물이 빠지는 물때를 잘 맞추어 가면 만져볼 수도 있다. 물론 물때가 어긋나도 공룡 발자국 해안가 탐방로는 열려 있다.

촛대바위 쪽의 바닷물이 서서히 빠지면서 수십여 개의 발자국이 드러난다. 너비 24센티미터, 길이 32센티미터 크기의 이 발자국들은 70센티미터 간격으로 해안가로 이어진다. 큰 발자국은 50센티미터에 이르기도 하니 과연 지구에 출현한 생물 가운데 가장 거대한 생명체라는 실감이 간다. 네 발로 걸었던 용각류龍脚類 공룡의 둥근 발자국, 두 발로 걸었던 조각류鳥脚類 공룡의 둥근 삼지창 같은 발자국, 뾰족한 삼지창 모양의 수각류獸脚類 발자국 등이 곳곳에 다양하게 찍혀 있다. 마치 '공룡의 무도회'가 펼쳐졌던 곳 같다.

공룡들의 발자국을 따라 수만 권의 책을 시루떡 마냥 켜켜이 쌓아 놓은 듯한 상족암을 돌아가면 절벽 속으로 들어가는 동굴 입구가 나타난다. 신비스런 해식동굴이 미로처럼 길게 뚫려 있다. 하늘나라에서 내려온 선녀들이 목욕을 하며 돌직기로 옥황상제에게 입힐 황금옷을 짰다는 물형들이 전설을 전해준다. 이 동굴 안에서도 공룡 발자국이 발견된다.

한반도는 '공룡나라'의 수도

공룡 발자국 화석은 이곳 상족암군립공원에만 1900여 족이 남겨져 있을 뿐 아니라 고성땅 곳곳에 산재해 있다. 상족암을 중심으로 6킬로미터에 이르는 해안지대에 산재한 공룡 발자국은 무려 4300여 족이나 된다. 세계 최대 공룡 발자국 화석지를 이루고 있어 브라질, 캐나다와 함께 이곳은 세계 3대 공룡 발자국 화석지로 꼽힌다. 그래서 생물학자들이 "한반도는 공룡 나라의 수도"라고 말할 정도다. 고성군은 당항포

상족암을 중심으로 6킬로미터에 이르는 해안지대에 산재한 공룡 발자국은 무려 4300여 족이나 된다.

참으로 거대한 공룡 화석들이 마치 다시 살아 움직일 것만 같은 느낌에 아이들은 탄성을 지른다.

와 이곳에서 '고성공룡세계엑스포'를 연다.

낮 동안의 공룡축제가 끝나고 어둠이 내린 밤바다의 파도소리는 청량하고 하늘을 뒤덮은 뭇별은 그지없이 찬란하다. 바닷가의 특설무대 스크린에서는 공룡 영화 「쥐라기 공원」과 「아기공룡 둘리」, 애니매이션 「공룡시대」 등 빛의 파노라마가 밤늦게까지 펼쳐진다. 공룡 영화에 취한 축제객들은 타임머신을 타고 '공룡나라'에서 꿈의 나래를 편다.

축제 시기 | 4월말~5월초 사이 | 2006경남고성공룡세계엑스포 : 4월 14일~6월 4일

가는 길 | 남해고속도로 사천 나들목⇨3번 국도⇨하이면 방면 77번 국도⇨4번 군도 상족암 군립공원

별미 기행 | 동해한정식(055-674-4343)의 '한정식' | 고성바다횟집(055-833-7954) · 공룡횟집(055-834-5646)의 '자연산 회, 매운탕'

행복한 쉼터 | 상족암의 경남청소년수련원(055-834-6211) | 브이모델(055-834-6255)

주변 명소 | 해상관광유람선(055-835-0272) 삼천포항⇨죽방렴⇨학섬⇨동백섬⇨병풍바위⇨상족암⇨코끼리바위⇨남일대 해수욕장

여행 정보 안내 | 고성군청 문화관광과(055-670-2201) www.goseong.go.kr | http://dino-expo.com

남원지방 고유의 민속놀이인 '용마(龍馬)놀이'도 펼쳐진다.
군주를 상징하는 용을 등장시킨 전국 유일의 집단쌍룡놀이다.

사랑의 도시에서
춘향의 절개를 기리다

춘향로(17번 국도)를 따라 남원으로 가는 길. 일명 춘향고개로 불리는 박석고개에는 그 옛날, 한양으로 떠나는 이몽룡을 춘향이 경황중에 버선발로 배웅나와 생겼다는 춘향버선밭과 아린 이별을 나눈 오리정, 눈물방죽이 이어진다.

해마다 5월 초순경에 펼쳐지는 춘향제는 가장 연륜이 깊은 축제 가운데 하나다. 사랑과 절개의 상징인 춘향을 기리기 위한 이 전통문화축제는 일제강점기부터 시작되어 70여 회째를 맞고 있다.

춘향을 닮으려는 여인들이 청사초롱 행렬로 사랑의 도시를 밝히는 '춘향제' 전야. 지상의 선계와 광한루 그리고 승월대를 이어주는 승월교에 은하수를 연출한 '무지개 나라'가 곱다. 영롱한 무지개가 뜬 일명 '사랑의 다리'에서 견우와 직녀가 일 년에 한 번 은하교를 건너 상봉하듯 만난 선남선녀들은 한껏 들떠 있다.

춘향일대재현길놀이와 용마놀이

열두 폭 치맛자락 곱게 두르고 청아한 기품으로 빛나는 춘향 영정이 서 있는 광한루원 동편 춘향사당에서 춘향제를 올린 뒤 펼쳐지는 '춘향일대재현길놀이'는 수천여 명의 남원사람들이 춘향전 아홉 마당을 연출한 가장행렬이다. '신임 사또 부임 행차' '옥중 춘향' '어사 출두' 등 '꽃다운 춘향의 정절, 진실한 사랑'을 주제로 분장한 길놀이패의 행렬이 이어지고, 조선시대 기녀 차림의 여인들이 추는 화사한 원무에 어우러지는 축제객들은 마냥 흥겹다.

남원지방 고유의 민속놀이인 '용마龍馬놀이'도 펼쳐진다. 군주를 상징하는 용을 등장시킨 전국 유일의 집단쟁투 놀이다. 북과 징이 울리

임과 이별한 뒤 신임 사또의 유혹과 모진 형벌을 다 겪어내고 사랑과 정절을 지켜낸 춘향이 그 임과 재회하는 극적인 장면도 재연된다.

자, 전진해오는 황룡과 청룡. 짚방망이를 든 장수의 신호에 따라 무서운 탈을 쓴 장정들의 함성소리가 높아지고 일진일퇴하는 용이 연막탄을 쏘아 화염을 내뿜으며 격렬하게 요동친다.

춘향마을의 상징, 광한루원의 사랑 축제

축제의 주무대는 춘향과 이몽룡의 사랑이 싹트기 시작한 광한루원이다. 연인들의 행락으로 광한루원 일대는 오월 초록처럼 싱그럽기만 하다.

광한루원은 음양오행사상과 풍수지리사상의 바탕 위에 자연의 흐름을 받드는 조선 전기의 조경 문화가 민간으로 퍼지는 과정에서 이루어진 누원으로 조망이 시원스럽다.

은하수를 상징하는 연못에는 견우 · 직녀 전설이 어린 네 개의 홍예 돌다리 오작교가 성춘향과 이몽룡의 사랑을 이어주었을 터다. 이 오작교를 건너면 영원한 사랑을 이룰 수 있다는 전설을 믿는 연인들의 발길이 끊이질 않는다.

완월정은 사람이 달세계를 즐기는 곳이란 뜻으로 지어진 수중누각이다. 완월정에 오른 신명 좋은 축제객들의 입에선 '어화둥둥 내 사랑'이 절로 흐른다. 임과 이별한 뒤 신임 사또의 유혹과 모진 형벌을 다 겪어

변 사또의 수청 요구를 거부하는 춘향이 형틀에 묶여 모진 고문을 당하는 장면이 재현되고 있다.

내고 사랑과 정절을 지켜낸 춘향이 그 임과 재회하는 극적인 장면도 재연된다.

월매집 부용당은 이몽룡과 성춘향이 백년가약을 다짐한 장소다. 사랑채에 내걸린 '사랑의 맹세판' 앞에는 사랑의 축원과 오작교를 건너며 약속한 사랑을 글로 영원히 남기고 싶어 하는 연인들로 성시를 이룬다.

춘향 테마공원과 창극 「춘향전」

남원관광단지 안에 철저한 고증을 거쳐 세워진 춘향촌은 임권택 감독의 영화 「춘향뎐」 촬영장이다. 남원은 우리 소리문화의 맥을 잘 기리고 있는 도시다. 판소리 다섯마당, 용어 해설비 등이 조성된 동편제거리를 지나 춘향교를 건너 우대로 들어 찾아가는 남원국립민속국악원에서는 춘향제 기간에 특별히 막을 올린 창극 「춘향전」이 한창 갈채를 받고 있다. 우리 국악의 명인 명창들이 꾸미는 '춘향국악대전'도 화려하게 펼쳐진다. 무대와 객석이 우리 소리 신명에 함께 어우러진다.

가장 한국적인 이미지의 문화관광 자산을 잘 보존하여 발전시키고 있는 남원사람들이 연출하는 춘향제는 아주 아름다운 '사랑 축제'다.

축제 시기 | 5월 초순 무렵

가는 길 | 호남고속도로 전주 나들목⇨(17번 국도) 춘향로⇨남원 광한루 일원의 축제마당

별미 기행 | 새집(063–625–2443)의 '추어숙회 · 추어탕'

행복한 쉼터 | 남원호텔(063–626–8551) | 한국콘도(063–632–7400)

주변 명소 | 국립민속국악원 | 지리산(바래봉 철쭉제) | 실상사 | 변강쇠쌈지공원

여행 정보 안내 | 남원시청 문화관광과(063–620–6151) www.namwon.jeonbuk.kr
춘향제전위원회(063–631–1921~6) www.chunhyang.org

지리산 이슬 머금은
다향에 심신을 적시다

겨우내 옥아든 심신 활짝 기지개를 켜고

청명 곡우에 흠뻑, 더불어 한 몸이 되려거든

지금 한창 꽃물 드는 지리산 화개골 들어

산이슬 함초롬한 차밭에 피어나는

그윽한 다향, 생명의 환희를 닦어 보소서.

4월 연분홍 벚꽃으로 열리는 화개골의 봄날은 곡우 무렵 신록의 야생 차밭으로 완성된다. 화개골에서 쌍계사에 이르는 십 리 벚꽃길도 좋지만, 5월의 여정에선 산비탈의 야생차밭이 그만이다. 화개장터에서 쌍계사 지나 용강리와 법왕리에 이르는 산비탈과 바위틈에 듬성듬성 펼쳐진 야생차밭은 그지없이 자연스럽다.

화개골 30리 산기슭엔 천년 세월을 보낸 야생차가 지리산 이슬을 머금으며 자라고 있다. 곡우 때부터 화개골 사람들은 바구니를 들고 비탈진 야생차밭에 매달려 햇차잎을 따내는 진풍경을 6월 초까지 그려낸다.

수십여 명의 아낙네들이 아직 동도 트지 않은 꼭두새벽부터 뜰배를 타고 계곡을 건너와 벼랑처럼 비탈진 차밭에서 찻잎을 따는데, 해가 지리산 서녘으로 꼴깍 넘어설 무렵에야 찻잎자루를 이고 지고 계곡을 건너온다.

운수리는 우리나라 차시배지茶始培地다. 쌍계사 일주문 못 미친 길녘 차시배추원비茶始培追遠碑 앞에서는 대렴공 추원 헌다례가 올려진다. 신라 흥덕왕 때, 당나라에 사신으로 갔던 대렴이 가져온 차씨를 왕명에 의해 이곳에 심은 후, 널리 성행하게 되었다는 기록이 남아 있다. 부근 차밭에선 영·호남 화합 찻잎따기 대회가 펼쳐진다.

축제 무렵, 쌍계사 팔영루에서는 스님들이 범패 공연을 펼친다. 이곳 팔영루는 우리나라 불교 음악의 발상지로 훌륭한 범패 명인들이 나온 터전이다. 창시자인 진감선사가 섬진강에서 뛰노는 물고기들을 보고 8음률로 어산魚山을 작곡했다 하여 팔영루라고 한다. 운 좋으면 이 절집에서도 스님들이 마련한 지리산 야생차를 대접받을 수 있다.

좋은 차만을 고집하는 '하동 야생차문화 축제'

차의 대량보급시대에 보성 녹차에 비해 양적으로 열세인 하동 야생 차로 속상했던 화개골 사람들. 이들은 비료나 농약은 주지 않으며 유기 농으로 재배하고, 수작업을 고집하여 이곳만의 질 좋은 차를 세상에 내놓고 있다. 해마다 찻잎따기가 절정에 이르는 5월 중순경, '하동 야생 차문화 축제'의 다향茶香을 그윽이 피운다.

쌍계사 들목의 차문화센터(055-883-2511)는 하동 야생차의 우수성을 널리 알리기 위해 마련된 공간이다. 이곳에선 우리나라의 차문화 이야기부터 화개 야생차의 특징, 오래된 다기들을 볼 수 있다. 차나무를 재배하여 덖고 비비는 차 제조 과정도 시연해 보이며, 시기별로 제조된 차를

쌍계사 들목의 차문화센터. 차에 관한 상식과 문화, 다도茶道를 배울 수 있고 다양한 차를 시음할 수도 있다.

시음하며 다도茶道도 배울 수 있어 유익한 곳이다.

올해의 명차가 선정되는 축제마당에선 차 만들기 시연을 직접 체험해 볼 수 있으며 녹차미용체험도 할 수 있다. 그리고 예쁜 막사발 빚기 체험장은 자기만의 다기茶器를 지닐 수 있는 곳이다.

화개골 곳곳에는 야생차를 직접 덖어내는 50여 군데의 차 재배 농가나 찻집들이 곱게 들어앉아 있다. 집집마다 커다란 무쇠솥과 멍석을 펼쳐 놓은 화개골과 악양 민박농가에서의 차 만들기 민박체험은 아주 특별한 여정이다. 어느 찻집을 들러도 차 이야기로 밤을 새울 수 있을 만큼 차의 달인들을 만날 수 있다. 이 무렵 찻집을 순례하며 좋은 햇차 맛

해마다 5월 중순경이면 화개골 사람들은 부지런히 찻잎 따내고, 그 찻잎 덖느라 하루 해가 짧다. 민박집에서의 '차 만들기' 가족 체험도 이채로운 여정이다.

을 즐기려는 이들이다.

"무릇 찻잎은 일교차가 심한 산간지역에서 천천히 자라나야 차 고유의 진한 맛과 향내를 간직할 수 있어요. 이런 조건을 갖춘 곳에서 자라는 지리산 일원의 야생차는 우수한 차가 될 수밖에 없지요. 보성 차가 인삼이라면 하동 야생차는 산삼이라 하면 지나친 비약일까요?"

축제객들도 야생차밭에 들어가 찻잎 따기부터 시작해 덖음, 비빔, 말림 등 차 만드는 과정을 직접 체험해 볼 수 있다. 물론 자신이 만든 차는 부담 적은 가격으로 지닐 수 있다. 일거양득의 여정이 된다.

"따온 찻잎은 가마솥에서 익히고 비벼 말리는 '덖음' 과정을 거치는 게 하동차의 특징이며 자랑입니다."

마을사람들은 찻잎 덖느라, 하루해가 너무나 짧다. 손수 덖고 말리길 거듭하는 전통 수제방식으로만 지리산 정통차를 만들어낸다. 그 정성으로 덖은 차 맛 어찌 그윽하지 않으랴!

다산 정약용은 "차를 즐기는 백성은 흥하고, 술을 즐기는 백성은 망한다"고 말씀했다지 않은가? 칠불암으로 오르는 길녘에서 맘에 드는 찻집에 들러 지리산 물로 달인 그윽한 차 한 잔의 여유를 다시금 음미해 본다. 찻집 벽에 걸린 김혜숙의 시 「차를 권하며」를 읊어보며.

사랑하는 사람을 위하여

한 잔의 차를 달일 수 있는 여자는 행복하다

첫 햇살이 들어 와

마루 끝에서 아른대는 청명한 아침

무쇠 주전자 속에서

낮은 음성으로 끓고 있는 물소리와

반짝이는 다기 부딪는 소리를

사랑하는 사람에게 들려줄 수 있는

여자는 행복하다…

　　봄꽃잔치에 어질어질 난망難望했던 마음은 이제야 신록의 다향으로 차분해졌다. 이러다가 이웃한 천년 고찰 쌍계사나 칠불암의 선승禪僧을 닮는 것은 아닐는지? 새삼스럽게 '차茶'의 한자를 풀이해본다. …풀草과 사람人 그리고 나무木가 합쳐진 글자가 아닌가. 사람은 풀과 나무가 그려놓은 자연과 조화를 이룰 때, 비로소 행복한 존재임을 다시금 깨닫는 여정이다.

축제 시기 | 5월 중·하순 무렵

가는 길 | 대진고속도로⇨진주 분기점⇨남해고속도로⇨하동 나들목⇨(19번 국도)⇨하동읍내⇨화개골⇨하동야생차문화축제장

별미 기행 | 하동 동흥식당(055-884-2257)의 '재첩진국·재첩회덮밥' | 동백식당(055-883-2439·혜성식당(055-883-6303)의 '참게탕·은어회'

행복한 쉼터 | 수류화개 펜션(055-882-7706) | 미리내(055-884-7292) | 온천모텔(055-883-6434) | 쉬어가는 누각(055-884-0151)

주변 명소 | 악양 평사리 토지문학관 | 칠불암 | 불일폭포 | 운조루

여행 정보 안내 | 하동군청 문화관광과(055-880-2371) www.hadong.go.kr

쪽빛바다 은빛 멸치회로
입맛을 되찾다

 기 장 멸 치 축 제

회 맛 좀 안다는 '꾼'들은 3월 즈음이면 입맛들을 다시며 먼 남쪽바다
대변항까지 달려간다. 통통하게 살이 오른 기장멸치회 생각이 너무나
삼삼해서다. 부산시 동래구 기장면에 자리한 대변항은 아담하고 정겨
운 풍광이지만 동해안에서 가장 큰 멸치어장이다. 3월부터 5월 사이의
봄멸치철이 되면 생멸치나 멸치젓을 구하러 오는 사람들로 활기가 넘
쳐난다.

대한민국 천연 건강식품의 대명사, 기장멸치

멸치잡이가 한창인 지금 이곳 구방파제에서 올려지는 풍어제에서는 동해안별신굿을 볼 수 있다. 대변의 거리거리는 축제 전야의 분위기를 고조시키는 임금님 진상 길놀이로 잔칫집 분위기다. 기장의 미역과 갈치, 멸치 등으로 진상품을 꾸린 축제 퍼레이드 행렬이 대변항으로 들어온다. 풍물패를 선두로 취타대, 멸치털기와 미역 따는 해녀들의 모습을 연출한 이색적인 가장행렬이 눈길을 끈다.

축제 개막식의 만선제, 만선의 깃발을 펄럭이는 멸치잡이배들이 연이어 대변항으로 들어온다. 이윽고 축제의 서막을 여는 멸치털기, "어 ~ 야어~야, 어요디요 어요디요…" 구성진 멸치잡이 노랫가락이 분위기를 더한다. 밤바다로 나선 작은 어선들이 불꽃을 쏘아 올리며 화려한 해상퍼레이드를 벌이자, 탄성을 자아내는 축제객들. 이렇게 들떠 가는 축제 전야에 펼쳐지는 오영수의 단편소설 「갯마을」 마당극은 바다를 삶의 터전으로 살아온 이곳 기장사람들의 애환을 짠하게 우려낸다.

멸치잡이 뱃일 억쑤로 고되어도, 선유라고 했는기라

갓 잡아 올린 싱싱한 멸치를 꼬들꼬들할 정도로 물기를 짜낸 후 야채

기장의 미역과 갈치, 멸치 등으로 진상품을 꾸린 축제 퍼레이드 행렬이 대변항으로 들어온다.

와 초장을 곁들여도
좋고, 새콤매콤 양념
비빔범벅을 해도 좋
다. 한 입 쏘옥 넣으
면 잃었던 봄철 입맛
이 되살아난다. 게다
가 바다에 뼈를 묻으
리라는 경상도 노인
의 억센 사투리가 여
정을 풍요롭게 한다.
　"멸치는 주광성인
기라. 불이라면 환장
하는 색맹이지. 불을
좇아 멸치 떼가 한창
덤벼들었을 때, 저

갓 잡아 올린 싱싱한 멸치를 꼬들꼬들할 정도로 물기를 짜낸 후 야채와 초장을 곁들여도 좋고 새콤매콤 양념비빔범벅을 해도 좋다.

봉수망 불대를 배 중간 부분 그물 쪽으로 휙 돌려 뿌리면, 와! 기가 막히
데이! 갑자기 바뀐 불빛을 따라 그물로 쏟아져 들어오는 은빛 물창 튀
기는 멸치 떼의 요동이라니…. 한밤중에 멸치배 타고 나가는 것을 뭐라
카는 줄, 당신들은 모르제? 선유船遊한다 카이, 뱃놀이 말이다. 억쑤로
고되긴 하지만서도 멸치 그놈아들하고 엉겨 붙어 씨름하는 재미가 얼
마나 끝내주는지 모른다카이."

일일 어부가 되어 멸치와 함께 놀다

　'아침이 좋은 기장'을 맞으러 이른 새벽에 대변항 선창가에 나가본
다. 지난 밤새 조업을 한 멸치잡이배 대여섯 척이 들어와 부두의 단잠
을 벌써부터 깨우고 있었다.
　"그물이 무거우면 / 황금이 쏟아진다 / 힘차게 털어내라 / 어~야어
~야 / 어요디요 어요디요."
　연신 쉴 새 없이 유자망 그물을 털어내는 어부들의 멸치잡이 노래다.

앞소리는 이물사공이 선창하고 뒷소리는 추임새로 다함께 부르며 노동의 삶을 이겨내는 구성진 노래다. 그러나 멸치잡이 때가 절정인 지금 시간에 쫓기는 어부들은 앞소리는 생략하고, "어~야어~야" "어요디요 어요디요"만을 연신 추임하며 그물을 털어내야 하는 삶을 이겨내고 있다.

이 축제의 백미는 '일일 어부 되어보기'다. 용감한 사람들은 10톤급 멸치잡이배에 오른다. 멀미도 겁나고, 맥주병인 나는 멸치털기 체험으로 만족해야 할 터다.

털기를 마친 멸치는 희망하는 사람에게 현장에서 굵은 천일염에 멸치비비기 체험 기회도 준다. 순도 100퍼센트의 천연발효식품 멸치젓갈을 탄생시키는 순간들이다. 작은 어선에 올라 50여 미터를 노 저으며 빨리 돌아와야 하는 노 젓기 대회는 알통 나오도록 힘은 들지만 즐거운 체험이다.

이 여정에서 돌아가면, 은빛 가득한 대변항 사람들의 원초적 삶의 풍광이 그리울 터다. 기장멸치축제는 멸치를 대하는 밥상머리에서 내내 그렇게 은빛으로 헤엄치리라.

축제 시기 | 4월 하순~5월 초순 사이

가는 길 | 경부고속도로⇨언양 나들목⇨16번 고속도로⇨울산⇨14번 국도⇨기장읍 대변항/경부고속도로⇨해운대⇨기장읍 대변항

별미 기행 | 남항횟집(051-721-2302)의 '멸치회, 멸치찌개' | 공수마을의 기장 꼼장어(051-721-2934) · 외가집(051-721-7098)의 '꼼장어 짚불구이, 솔잎구이' |

행복한 쉼터 | 도원모텔(051-724-4301) | 타샤모텔(051-724-3100) | 꿈의궁전(051-721-7488)

주변 명소 | 해동 용궁사 | 국립수산과학관 | 일광 · 임랑해수욕장 | 장안사

여행 정보 안내 | 기장군청 문화관광과(051-709-4081~4) www.gijang.go.kr

청정계곡에서
개똥벌레의 사랑을 노래하다

'반딧불 축제'의 주무대는 '호남 3한'으로 꼽히는 한풍루 일원과 무
주군청 앞으로 흐르는 남대천 하류 일원이다. 반디문화예술무대에서는
엄마 아빠와 함께 한 아이들이 반디 사랑 설치 미술 작업을 하느라 콧
잔등에 땀방울이 송알송알 옥구슬이다. 여치집짓기를 체험하는 도시
아이들의 손놀림도 제법 빠르게 추억의 놀이마당을 만든다. 자연친화
적인 남대천의 부스에서는 무공해 유기농산물에 홀딱 반해, 도시를 탈

출해 온 관광객들이 청정무주 장보기에 신바람 나 있다. 무공해 비누 만들기 체험에 참여하면 질 좋은 무공해 비누는 덤이다.

석양녘, 무주군 거리거리는 가장행렬로 신명나게 들썩인다. "형설지공 어린 불빛 반딧불을 되살리자" "반딧불이 사랑불빛, 환경보호 희망불빛" 같은 테마는 이곳 사람들이 자연 속에서 상생하고자 하는 의지를 보여준다. 사위가 어둠에 잠기자 수만 개의 인공 반딧불이 밝혀지면서 환상의 초롱터널을 연출한다.

구애의 불꽃을 찾아가는 반디생태기행

윤동주 시인이 「반딧불」 사랑으로 노래하던 그 '달 조각'을 찾아가는 반딧불자연학교 생태기행길. 늦반딧불이를 찾아나선다.

가자 가자 가자 / 숲으로 가자

달 조각을 주우러 / 숲으로 가자

그믐밤 반딧불은 / 부서진 달 조각

가자 가자 가자 / 숲으로 가자

달 조각을 주우러 / 숲으로 가자

엄마 아빠와 함께 한 아이들이 반디 사랑 설치 미술 작업을 하느라 콧잔등에 땀방울이 송알송알 옥구슬이다.

달 없는 밤하늘엔 별들 가득, 초롱초롱하다. 윤동주도 이런 밤에 불 밝히는 반딧불을 달 대신 찾아 나섰을 터. 아스라한 그 여름밤, 반딧불을 떼어 눈썹에 붙이고 놀던 추억이 새록새록 살아나는 밤길이다.

밤 9시가 넘을 무렵 냇가 풀숲은 '지독한 사랑'의 불꽃놀이로 현란하다. 수컷 반딧불이들이 짝을 찾기 위해 1분에 20번씩 온몸으로 발정의 불빛잔치를 벌인다. 이는 새 생명을 탄생시키는 혼불잔치다. 짝 짓기가 이루어져 암컷이 알을 낳기 시작하면 수컷은 죽어가고, 암컷도 한 500여 개의 알을 남대천 풀숲에 낳고 나면 이내 죽는다.

33경을 뽐내는 계곡의 대명사 무주구천동

나제통문羅濟通文은 거대한 통문通門이다. 삼국시대 신라와 백제의 국경이었던 이곳을 경계로 양편 마을은 말씨가 다르고 풍습도 다르다. 여기서부터 본격적으로 구천동의 숲과 계곡의 진수를 접할 수 있다.

산을 다 오를 때까지 시원한 구천동 선경仙境이 내내 눈앞에 펼쳐져 몸속까지 서늘해진다.

계곡 따라 오르는 길은 마당 같은 암반 위로 청계옥수淸溪玉水가 쏟아져 내린다. 연녹색의 담潭을 이루어 놓기도 하면서…. 인월담, 사자담, 비파담…. 발길이 지치면 탁족濯足을 즐겨도 참 좋을 계류溪流다. 단순히 발 씻김으로만 끝나지 않고, 두고 온 세속을 잠시나마 깡그리 망각한다. 산을 다 오를 때까지 시원한 구천동 선경仙境이 내내 눈앞에 펼쳐져 몸속까지 서늘해진다.

계곡의 거반 끝에는 백련사가 자리잡고 있다. 하얀 연꽃이 피어난 자리에 절을 지었다는 유래를 지닌 산사山寺라! 매월당부도와 삼존석불이 눈길을 끈다. 때마침 산사를 지나는 여우비. 요사채 마루에 올라앉아 비 그치기를 기다리는데 시심詩心이 절로 인다─"절간의 기왓골 타고 떨어지는 낙수는 / 산사를 지나다 핀 채송화 적시고 / 앞산 감싼 구름 위 보이지 않는 신선은 / 백련사에 극락 하나 그려줄까, 말까."

청정무주에서의 몸과 마음은 건강한 초록으로 물들어 있다. 그 풀잎 향기 밴 마음은 풋풋하고, 눈빛은 그새 반짝반짝 반딧불을 닮아 있었는가? '자연은 보호하는 것이 아니라, 그냥 두는 것'임을, 그 자연 속에 우리가 있으면 될 것임을 깨닫게 되었으니….

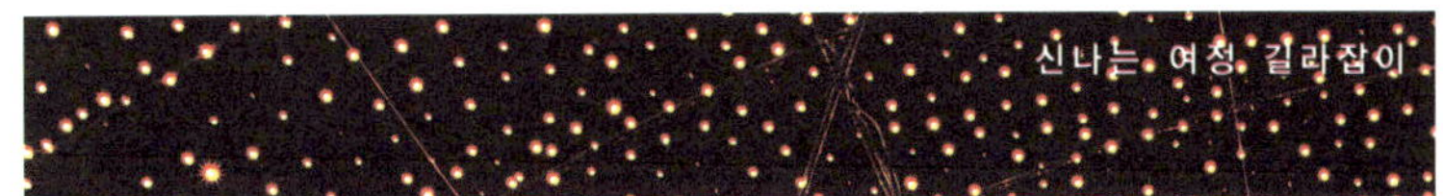

축제 시기 | 5월 하순~6월 초순 무렵

가는 길 | 경부고속도로⇨대전 남부순환고속도로 남대전 분기점⇨대전·통영간 고속도로⇨무주 나들목

별미 기행 | 금강식당(063-322-0979)·강변가든(063-322-9442)의 '어죽' | 원조할매(063-322-2188)의 '보쌈정식' | 천지가든(063-322-3456)의 '산채정식'

행복한 쉼터 | 무주리조트(063-322-9000) | 펜션 문리버(063-322-7009) | 무주구천동 알프스 산장(063-322-2350) | 덕유산휴양림통나무집(063-322-1097)

주변 명소 | 적상산, 안국사 | 앞섬의 천렵과 오지마을 방이리 트래킹 | 금강 레프팅

여행 정보 안내 | 무주군청 문화관광과(063-320-2546~8) www.muju.org

매화꽃비 날리는 섬진강에서
봄을 맞이하다

꽃샘추위 오시려는가, 잔설이 분분하다. 그런 중에 오로지 설중매雪
中梅, 활짝 꽃을 피워 봄이 왔음을 알린다. 전남 광양시 다압면 백운산
자락 섬진마을. 그곳은 지금 온통 새하얀 매화의 나라! 마치 눈꽃세례
를 맞고 서 있는 듯하다. 이곳 섬진마을에서는 매화꽃이 만개할 이 무
렵, '매화 축제'를 펼친다.

매화 축제의 흥을 돋우는 길거리
공연이 신명나게 펼쳐지고 있다.

아름다운 풍경을 연출한 '그' 마음

광양 매화문화축제는 해를 거듭할수록 즐길거리와 볼거리가 더욱 풍성해지고 있다. 특히 관광객이 직접 참여하고 체험할 수 있는 행사를 대폭 늘려가고 있는데, 소망연·풍선 날리기, 매화백일장 및 사생대회, 전국사진촬영대회, 매화보물찾기 등의 다양한 프로그램이 축제객들을 즐겁게 한다. 매화압화 만들기, 토피어리 및 참숯공예 등은 직접 참여하여 즐길 수 있는 신명난 체험거리다.

한편 축제 기간 중에 운행되는 섬진강 매화꽃 기차는 교통 편의뿐 아니라 매화꽃 흩날리는 섬진강의 운치를 즐기기에 그만이다.

광양 매화문화축제는 전국에서 가장 먼저 열리는 꽃 잔치로서 청정 수역 섬진강의 아름다운 자연경관과 어우러져 해를 거듭할수록 그 명성이 더해지고 있다.

매화잔치는 섬진마을 한가운데에 자리한 청매실농원을 중심으로 절정을 이룬다. '매화분재전시회'와 굵은 조선항아리가 무려 2천여 개나 정렬되어 있는 농원 뜨락의 풍광도 보기 드문 장관. 농원 뒤편 왕대숲과 조화를 이루며 봄 햇살에 수줍은 광택을 자랑하고 있는 저 조선 항아리 속에서는 잘 익은 매실 먹을거리들과 매실주가 그 향을 더하고 있

장독(옹기) 2000여 개가 장관
을 이룬다. 장독대 언덕 저 아
래로는 섬진강이 그림 같은 풍
경을 풀어 놓으며 유유히 흐르
고 있다.
ⓒ 광양시청

을 터다.

이곳의 사랑방에서 봄바람에 휘날리는 매화꽃비를 바라보며 마셔 보는 매실차와 매실주의 새콤달콤하면서도 은은한 향과 맛은 가히 일품! 무려 12만 평이 넘는 이 농원 곳곳에서도 사오십 년씩이나 묵은 매화나무들이 일제히 꽃망울을 터트리고 있는 중. 이른 봄 삼사월 무렵 피는 매화는 흰색, 홍색, 담홍색 등으로, 대개는 홑겹으로 잎보다 꽃을 먼저 피워내는 봄의 전령사다.

농원의 뒤안길로 넘어 돌아드는 순간, 펼쳐지는 매화나무밭에서도 이미 봄의 점령군이 득세하고 있다. "농사꾼도 농사로 아름다운 작품을 만들 수 있다는 걸, 잘 보여주고 싶은" 마음이 가꾼 청보리밭 푸르른 이랑 위로 휘날리는 매화꽃이 어우러져 선경仙境을 그려내고 있다. 특히 수십 년 묵은 매화나무 둥치 잔가지 끝에 피어난 고매古梅는 그 고아한 매무새로 감동을 자아낸다.

이 아름다운 풍경을 연출한 마음은 바로 농원 주인 홍쌍리 님이다. 그는 30년이 넘도록 일구어 온 이 매화농원에서 한 해 150여 톤의 매실을 따내고 있는데, 그의 매실 농축액 제조 기술은 나라에서도 인정하여 전통식품 명인 1호로 지정받았다. 축제를 찾아든 연인들은 '매실차·매실주 시음대회'에서 얼굴에 발그레한 홍매화를 피우고 즐거워한다.

그대로 한 폭의 그림, 섬진강

자연스런 매화 산책길에서 저 아랫녘으로 내려다보이는 섬진강변은 그대로 잘 그린 남종산수화다. 잘 그려진 사군자四君子의 죽竹과 매梅 그리고 난蘭이 된다. 봄 햇살에 넘실넘실 흘러가는 강물 건너 펼쳐지는 은모래밭 끝의 울울창창 대숲도 짙푸르다. 깊은 산발치 솔밭 아래에서는 춘란이 수줍게 꽃대를 피워 올리고 있을 터이고….

재첩 잡이가 한창인 섬진강 새하얀 모래톱에 앉아 봄볕을 즐기는 사람들이 정겨운 섬진강변 길섶을 따라 걷는 이들은 노래한다. 봄날의 서정을 제비꽃반지로 만들어 그대 사랑하는 이의 고운 손가락에 끼워 줘 보자. 사랑은 온통 그대들의 것이려니!

매화꽃 꽃 이파리들이

하얀 눈송이처럼 푸른 강물에 날리는

섬진강을 보셨는지요

푸른 강물 하얀 모래밭

날선 푸른 댓잎이 사운대는

섬진강가에 서럽게 서보셨는지요

해 저문 섬진강가에 서서

지는 꽃 피는 꽃을 다 보셨는지요

산에 피어 산이 환하고

강물에 져서 강물이 서러운

섬진강 매화꽃을 보셨는지요

사랑도 그렇게 와서

그렇게 지는지

출렁이는 섬진강가에 서서 당신도

매화꽃 꽃잎처럼 물 깊이

울어는 보았는지요

푸른 댓잎에 베인

당신의 사랑을 가져가는

흐르는 섬진강 물에

서럽게 울어는 보았는지요

—김용택,「섬진강 매화꽃을 보셨는지요」

축제 시기 | 3월 중순 무렵

가는 길 | 남해고속도로⇨하동 나들목⇨19번 국도 하동⇨섬진교 건너⇨(861번 지방도로) 우회전⇨섬진마을

별미 기행 | 동흥식당(055-883-8333)의 '재첩진국' | 천수식당(061-728-7738)의 '은어요리' | 동백식당(061-862-3705)의 '참게탕, 재첩덮밥' | 목련가든(061-763-5292)의 '흑염소구이'

행복한 쉼터 | 섬진강호텔(061-781-2000) | 미리내(055-884-7297) | 섬진강펜션(055-884-8052) | 백운산자연휴양림(061-763-8615)

주변 명소 | 하동송림 | 운조루 | 악양 평사리 토지문학관 | 청학동 | 고소산성

여행 정보 안내 | 광양시청 문화관광과(061-797-2363) www.gwangyang.jeonnam.kr

진달래,
'아름 따다 가실 길에 뿌리오리다'

뭇 꽃들이 일제히 화사한 자태로 요염함을 한껏 뽐내는 가운데 수줍게 몸을 여는 진달래는 '부끄럼보'다. 이런 진달래는 소월의 시로 사랑받아 오다가 다시 가수 마야의 록 가락을 타고 우리 곁으로 다가와 이 봄날을 수줍게 달구고 있다. 그 선홍빛 사랑이 절정으로 피어나는 곳은 3월 말부터 4월 초순 무렵의 영취산이다. 길길이 햇볕은 따뜻하고 지나는 산들바람은 간지럽다. 소월의 애절한 서정敍情을 흉내내볼까? 마야의 넘치는 야성野性을 흉내내볼까?

"나보기가 역겨워 가실 때에는 말없이 고이 보내드리오리다. 영변에 약산 진달래꽃 아름 따다 가실 길에 뿌리오리다."

영취산 오르는 아랫녘 길목에 고즈넉이 자리한 흥국사. 1195년 보조국사 지눌이 창건한 이 절은 임진왜란 때 승병 400여 명이 활약했던 호국불교의 성지聖地다. 늙은 벚나무가 하염없이 꽃비를 날리고 있는 절로 드는 계곡은 무지개처럼 걸쳐진 홍교虹橋로 건너야 한다.

연분홍 꽃구름에 수줍게 달아오르는 영취산

진달래꽃빛이 한창 타오르는 봉우재에선 산신제가 올려진다. 소지燒紙가 봄 하늘로 너울너울 날아오른다. '그래라, 아름다운 금수강산 서막을 너 진달래야, 올해도 붉게 붉게 색올림하렴.' 제를 이제 다 올렸으니, 진달래술의 달콤한 향이 꽃 산에 취함을 더한다. 산 아랫마을 부녀회 아주머니들이 부쳐 내놓는 진달래화전 한 접시를 놓고 꽃술잔에 진달래꽃잎 띄워 즐기던 풍류를 흉내내본다. 그 내음도 봄향기다.

봉우재에서 1300여 척 높이의 영취봉으로 이어지는 동남쪽 비탈자락

흥국사興國寺 전경. 고려 명종 25년(1195)에 보조국사 지눌이 창건한 천년 고찰이다. 임진왜란 때는 수백 명의 승병 수군이 조련하는 등, 의승군의 본거지가 되었다.

은 그야말로 진달래꽃바다! 꽃에 취한 나비처럼 쉬엄쉬엄 한 시간 남짓 오르노라니 정상이다. 쪽빛 여수만 바다 저 편으로 망운산도 한눈에 들어온다. 새색시 수줍은 볼처럼 발그레한 진달래의 화사함이 온 산을 수놓고 있다. 수만 그루 진달래가 십여 만 평에 걸쳐 군락을 이루고 있는 영취산은 그야말로 진달래의 바다다. 봉우리 위로 흰 구름을 솜사탕처럼 물고 있는 이 봄날, 그대로 한 편의 수줍은 서정시다. 우리 땅의 봄을 상징하는 저 진달래의 수줍음을 지독히 사랑하였던 나는 젊은 날에 아호까지 '참꽃'으로 지어 나 또한 그 참꽃 같기를 소망하였다.

진달래꽃은 먹을 수 있는 꽃이라 하여 '참꽃'이라고도 부른다. 참꽃잎을 따먹으며 산행을 하는 여인들은 어릴 적 따먹었던 진달래꽃 이야기를 아련 추억으로 피운다. 산을 내려오면서 나는 이 진달래꽃 천지에서 붉어지는 내 영혼을 감내하기 어려워 목월의 시「진달래꽃」을 읊조려 본다.

산에 산에 진달래꽃

피었습니다

진달래꽃 아름 따다 날 저뭅니다

…

산길은 봄 어스름

살살 내리고

서쪽 하늘 저녁 놀

붉게 탑니다.

축제 시기 | 3월 하순~4월 초순 사이(개화 기간이 짧아, 꽃 때를 사전에 알고 가야 함)

가는 길 | 호남·남해고속도로⇨순천 나들목⇨17번 국도⇨여수산단 입구⇨영취산
(항공편 : 김포공항⇨여수공항 아침 7시부터 하루 11편의 비행기 운항)

별미 기행 | 칠공주집(061-663-1580)의 '붕장어구이' | 한일관(061-654-0091)의 '해물한정식, 돌산갓'

행복한 쉼터 | 여수비치호텔(061-663-2011) | 여수관광호텔(061-662-3131) | 골든모텔(665-1401)

주변 명소 | 향일암, 오동도 | 진남관 | 돌산대교 | 방죽포해수욕장

여행 정보 안내 | 여수시 문화관광과(061-690-2225) www.yosusimin.or.kr/gajayeosuro/
영취산진달래축제추진위원회(061-691-3104)

쪽빛

여름에 떠나는 축제여행

보령 머드 축제 | 대전 사이언스 페스티벌 | 거창 국제연극제 | 춘천 인형극 축제 | 강릉 단오제 | 하늘내린 인제래프팅 축제 | 울릉도 오징어 축제 | 무안 백련대 축제

눈 시린 쪽빛 아래 불볕더위를 식히다

머드 바른 알몸으로
푸른 파도를 타다

이글거리는 여름, "사랑을 위한 여행을 하자. 바닷가로 ~빨리 떠나자. 야이야야야 바다로~." 길보드 좌판에서 쾅쾅 틀어대는 여름 노래들은 찜통처럼 무덥고 답답한 도심 탈출을 부추긴다. 갈매기 끼룩 날고, 밀려오는 파도가 하얗게 부서지는 그 여름바다로 우리를 꼬드긴다.

그래, 떠나자. 동양에서는 유일하게 조개껍데기가 부서져 10리 가까이 펼쳐진, 서해안 최대의 대천해수욕장으로. 지금 그곳에선 대한민국 상품 대전 레저 문화 분야에서 대상을 수상한 '보령 머드 축제'가 부르니라.

동해엔 경포대, 남해엔 해운대가 있다면 서해엔 단연 대천해수욕장이 있다. 오랜 세월을 거치면서 잘게 부스러진 조개껍질과 모래가 곱게 섞인 은빛 모래사장으로 널리 알려진 서해안의 명소다. 은빛 해변에는 지금 머드 바른 맨몸을 자랑하는 원색 비키니 물결이 넘실거린다.

세계 최고의 보령 머드 마사지로 황홀한 알몸들

여인의 광장에서부터 보령시 상징 갈매기를 앞세운 고적대의 거리 퍼레이드를 시작으로 '보령 머드 축제' 팡파르가 화려하게 울린다. 해변의 시민탑 무대에선 쾅쾅 울려대는 댄스 음악에 맞추어 에어로빅 공

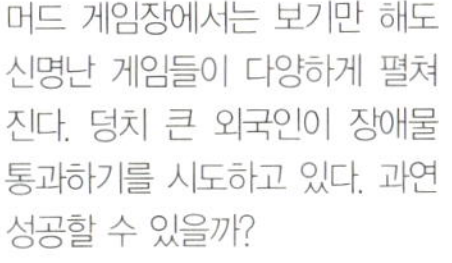

머드 게임장에서는 보기만 해도 신명난 게임들이 다양하게 펼쳐진다. 덩치 큰 외국인이 장애물 통과하기를 시도하고 있다. 과연 성공할 수 있을까?

연이 한창이다. 신명난 무희들의 건강미와 관객들의 환호가 눈부시다.

대천해수욕장 주변의 청정 갯벌에서 채취한 무공해 천연 바다 진흙으로 만든 보령 머드는 (그동안 세계 제일로 알려진) 이스라엘의 머드보다 훨씬 뛰어나다고 한다. 원적외선이 다량 방출되고 미네랄, 게르마늄 성분을 함유하고 있어 피부미용에 탁월한 효험이 있음이 입증된 다양한 천연머드 화장품을 권하는 축제 도우미들의 자랑이 대단하다.

보령머드하우스에서는 보령 머드 팩으로 피부 마사지를 받고 있는 축제객들의 표정이 황홀하다.

보령 머드 축제만이 지닌 독특한 매력은 다양한 체험장이다. 온몸에 머드를 발라 마사지한 뒤 20여 분간 휴식을 마친 젊은이들이 바다로 뛰어들어 넘실대는 파도와 하나로 어우러진다. 검은 머드가 말끔히 씻겨 내리자 건강한 알몸들이 드러나며 환호작약!

북서풍이 기분 좋게 불어오는 앞바다는 해상 레포츠의 천국. 축제 기간 동안 머드 체험자에겐 무료 또는 할인되는 제트 스키, 바나나 보트 등이

머드를 깔아놓은 미끄럼판을 타면서 머드 범벅이 되는 머드슬라이딩에 도전하는 머드 기네스 체험도 인기 만점이다.

푸른 바다를 바람처럼 가르며 쾌주한다. 활강 순간 바나나 보트에서 떨어져 나가 슬라이딩 당하는 젊은 몸짓들이 여름바다처럼 싱그럽다.

진흙에 뒹굴수록 신나는 머드 축제

축제 기간 내내 벌어지는 머드 게임장은 후끈 달아 있다. 지름 10미터의 대형 머드 탕 진흙에 뒹굴수록 신바람난다. 머드를 깔아놓은 미끄럼판을 타면서 머드 범벅이 되는 머드슬라이딩에 도전하는 머드 기네스 체험도 인기 만점이다. 오르막이 너무 미끄러워 번번이 실패하는 머드 미끄럼틀 오르기, 로데오를 타다가 떨어지면 머드 탕에 빠지게 되는 머

해변에 설치된 머드 교도소에는 아직껏 머드를 바르지 않은 요조숙녀나 신사들이 보이는 족족 감히고 만다.

비록 머드 교도소에 갇힌 '죄인' 들이지만 음료수 병을 부딪히며 "브라보!"를 외친다. 이곳에 오면 연인들도 더욱 행복해진다.

드 탕 로데오 그리고 머드씨름대회 등 다채로운 머드게임도 즐겁긴 마찬가지다. 미끄러운 진흙벌에서 펼쳐지는 게임인지라 넘어져 진흙 범벅이 되기 바쁜 축제객들의 우스꽝스런 표정들은 구경만으로도 너무 재미있어 모두가 파안대소! 색다른 즐거움이 넘쳐난다.

특히 해변에 설치된 머드 교도소는 황당무계한 머드 체험을 연발하고 있다. 머드 교도관이 배치되어 있는 교도소 감옥 모형의 4면 개방형 교도소에는 아직껏 머드를 바르지 않은 요조숙녀나 신사들이 보이는 족족 간히고 만다. 외국인들도 예외는 아니다. 하지만 이 교도소를 두려워하는 사람은 없다. 외국인들은 신나는 음악에 맞추어 폭소까지 자아내며 "코리아 보령 머드 넘버 원, 굿! 굿!"을 연발한다. 무려 1만여 명이 넘는 외국인 관광객들이 몰려들 정도로 '보령 머드 축제'는 국제적인 축제로 뜨고 있는 중이다.

머드로 분장한 '보령 머드맨'의 멋진 포즈와 함께 머드 축제의 잊지 못할 추억을 담는 기념 촬영도 인기다. 특설무대에선 용왕제와 해변노

래자랑 등 다양한 이벤트가 이어져 축제객들을 즐겁게 해준다. 이제 '보령 머드 축제'는 여름바다를 건강하고 즐겁게 체험으로 즐길 수 있는 해수욕 축제로 성장하여 대천해수욕장만의 큰 자랑이 되고 있다.

대천항에서는 '그 섬에 가고 싶다'

대천해수욕장에서 윗녘으로 1킬로미터 바다를 낀 고갤 넘어서니 '어항'이란 이름으로 더 잘 알려진 대천항이 한 눈에 든다. 충남 서해안의 뭍 섬으로 드나드는 길목이다. 그래서 이 항구에선 언제나 서해를 안고 사는 섬사람들의 비릿한 삶의 냄새가 들락거린다.

갑오징어를 널어놓은 방파제 끝 빨간 등대에 기대어 바라보는 수평선. 점점이 닻을 내린 듯 떠 있는 크고 작은 섬·섬·섬―원산도, 삽시도, 호도, 녹도, 외연도 등은 달콤한 고독과 낭만으로 여행객을 유혹한다.

그 뱃길에서 만나는 작은 섬 자락에선 한창 필 나리꽃과 원추리꽃이 바닷바람에 하늘거릴 터…. 이런 환상은 지금 여객선에 올라, 그 섬에 가고 싶다. 화살을 꽂은 활을 닮은 삽시도, 회갈색의 기기묘묘한 바위가 부둣가에 둘러선 앙증스런 모습이 마치 은빛 여우를 떠오르게 하는 호도를 거쳐 2시간 30분 만에 여객선은 그렁그렁 가쁜 숨을 몰아쉬며 종착지 외연도에 닻을 내리겠지….

축제 시기 | 7월 중순~하순 사이

가는 길 | 서해고속도로⇨대천 나들목⇨36번 국도⇨대천해수욕장

별미 기행 | 충남수족관(041-933-8077)의 꽃게탕 | 오천항 슈퍼횟집(041-932-5554)의 세모국밥 | 성주골가든(041-934-7074)의 양송이버섯 | 가든 단호박(041-641-9074)의 '돌솥굴밥'

행복한 쉼터 | 한화콘도(041-931-5500) | 성주산 자연휴양림 통나무집(041-930-3529) | 바다사랑 펜션(041-932-8555)

주변 명소 | 성주사터 | 석탄박물관 | 무량사 | 외연도(대천항 여객선 터미널: 041-934-8772)

여행 정보 안내 | 보령시청 문화관광과(041-930-3542) www.boryeong.chungnam.kr

'대전 사이언스 페스티벌' 축제 현장. 안에는 120여 개의 다채로운 잔치상이 과학이 보여줄 수 있는 모든 것을 차려놓고 기다리고 있다.

신비한 과학나라에서
신나는 여름방학을 보내다

과학축제 기간 내내 매일 서울역과 대전역 사이를 이어주는 '사이언스 관광열차'. 아침 8시 5분에 서울역에서 출발하는 특별 테마 열차는 재미와 배움을 가득 실은 과학 바캉스로 떠난다. 열차 안에서 상영되는 최신 과학영화에 빠지다가, 미니 이동 실험도 즐기다보면 어느새 "여기는 대전역입니다."

영상 30도에서 영하 11도로 순간이동, 남극체험

대전엑스포과학공원은 과학과 레저가 어우러진 '대전 사이언스 페스티벌' 축제 현장. 미래로 가는 다섯 개의 문(퓨처월드, 휴먼테크놀로지, 커뮤니케이션, 사이언스환타지, 베이직사이언스) 안에는 120여 개의 다채로운 잔치상이 과학이 보여줄 수 있는 모든 것을 차려놓고 기다리고 있다.

삼복더위에 단연 먼저 눈길을 끄는 곳은 남극을 그대로 옮겨놓은 남극체험관이다. 대형 슈퍼마우스를 이용한 '지구를 지켜라'에는 남극을 떠올리며 직접 체험할 수 있는 이글루, 미끄럼틀 등이 기다린다. 이 남극체험관에 들어서는 순간 무더위 대신 영하 11도의 송곳 같은 추위가 온 몸을 바싹 얼린다.

"아이구~떨려라, 이렇게 추운데서 어떻게 사람들이 살아갈까?"

영상 30도에서 영하 11도, 순간적으로 40여 도의 기온 차이를 뛰어넘는 남극 체험은 이렇게 짜릿하다.

아빠 엄마와 놀면서 배우는 과학교실

부모의 손을 잡은 아이들의 눈길이 쏠려 있는 베이직사이언스존 무대는 아이들 세상.

"여러분, 여기 액체 질소가 있습니다. 이것을 빈 페트병에 넣으면 어떻게 될까요?"

과학 선생님의 질문에 아이들의 눈은 금세 호기심으로 가득하다. 순간 "뻥!" 하는 요란한 폭음과 함께 페트병이 파열되면서 하늘 높이 날자 "우와!" 함성이 터진다.

기초과학 체험교실에서 한창 액화질소를 체험하는 중인 경희(11)·경민(15)네 가족. 과학 선생님의 지도에 따라 액화질소에 담갔다 꺼낸 과자 한 조각을 입 속에 넣는 순간, 뽀얀 연기가 폴폴 뿜어져 나온다. 깔깔깔 웃음보를 터뜨린다.

"핫하하… 우리 엄마 콧구멍에서 연기 난다, 연기 나!"

그렇게 말하는 경민이 입에서도 연기가 뭉게뭉게 품어져 나오자, 농담을 던지는 아빠.

"어~어, 그렇게 말하는 우리 아들 벌써부터 담배 피는 것 아냐?"

과학 선생님의 친절한 해설이 이어진다.

"이 스티로폼 상자 안에는 상온에서 기체로 있는 질소를 섭씨 마이너스 196도로 낮춘 액화질소가 들어 있습니다. 과자에 묻은 액화질소가 따뜻한 입안으로 들어가면서 온도의 갑작스런 변화로 기체로 변해 연기처럼 보인 겁니다."

이렇게 기초과학 체험교실은 교과서에서 배웠던 과학지식을 생생하게 되살리는 공간이다. 경민이는 빨간 풍선이 액화질소 속에서 쪼그라들었다 상온에서 다시 부풀어 오르는 것을 보며 재빨리 대답한다.

"선생님, 샤를의 법칙이지요? 맞지요?"

"참, 똑똑하네요!"

초등학교 3학년인 아름이네 가족은 사람과 일정 무게를 갖고 있는 추

기초과학 체험교실은 교과서에서 배웠던 과학지식을 생생하게 되살리는 공간이다.

체험을 통해 다양한 과학 원리를 터득하는 재미에 푹 빠져 있다보면 불볕더위는 그저 남의 이야기다.

인 분동 무게를 합하여 150킬로그램을 만드는 게임인 '도전 인간 분동기'에 아빠 엄마와 함께 올랐다. 그러나 무게가 조금 모자란 순간, 옆에 있는 추를 올려 완성시키는 150킬로그램. 한국표준과학연구원 아저씨가 상품으로 건네는 '표준자'를 안고 마냥 싱글벙글한다.

'사이언스환타지'에서는 실제 영화 제작에 쓰이는 SF 기술과 스턴트 장비에 물리학이 어떻게 응용되었는지 등을 공부할 수 있다. 액션 보조 기구를 이용한 와이어 액션 체험 같은 아주 짜릿한 재미도 즐길 수 있다. 영화 「태극기를 휘날리며」의 특수 장비도 볼 수 있다.

이 축제장에서 대표적인 볼거리는 주제 광장의 대형 키보드와 마우스. 참가자들이 2.5미터 크기의 실제 작동하는 키보드로 정해진 문장을 빨리 입력하는 게임 등이 재미있게 펼쳐지고 있다.

체험을 통해 다양한 과학 원리를 터득하는 재미에 푹 빠져 있다보면 불볕더위는 그저 남의 이야기다. 그래도 덥다면 물놀이 체험 시설인 아쿠아리조트를 즐기거나 열기구를 타고 하늘로 날아오르면 더 이상 더위는 없다.

축제 관람 이후에는 한국과학의 메카인 대덕과학연구단지를 탐방하는 투어도 기다리고 있다. 지질박물관, 화폐박물관, 시민천문대로 셔틀버스가 안내해준다.

어렵고 딱딱하고 따분하게만 느껴졌던 과학이 오히려 유쾌하게 호기심을 자극하는 즐거운 게임으로 친숙하게 다가온 하루였다.

해질 무렵부터는 한빛광장 음악분수광장에서 '썸머 페스티벌'이 펼쳐진다. 터키에서 날아온 매혹의 밸리댄스 공연을 비롯, 아프리카 전통 뮤지션의 라이브콘서트가 풀어놓는 흥겨움이 한여름 밤을 청량한 낭만으로 이끈다.

신나는 여정 길라잡이

축제 시기 ㅣ 7월 하순~8월 초순 사이

가는 길 ㅣ 경부고속도로⇨북대전 나들목⇨엑스포과학공원
　　　　　(사이언스관광열차 : 서울~대전 당일 왕복 테마관광열차(1544-7788)

별미 기행 ㅣ 숯골원냉면(042-861-3287)의 '평양냉면' ㅣ 구즉할머니묵집(042-935-5842)의 '묵채'

행복한 쉼터 ㅣ 유성관광호텔(042-822-0811) ㅣ 호텔 스파피아(042-600-6000) ㅣ
엑스포(042-866-5114)ㅣ 아드리아(042-824-0211)

주변 명소 ㅣ 국립중앙과학관 ㅣ 계룡산 ㅣ 유성온천 ㅣ 대청호, 청남대

여행 정보 안내 ㅣ 대전광역시청 관광과(042-600-2433) www.daejeon.go.kr
　　　　　엑스포과학공원 축제이벤트팀(042-866-5129)

거창국제연극제

'한국의 아비뇽' 에서
연극에 빠져 무더위를 잊다

나는 '감동으로 가득한 새로운 세상을 만나기' 위해 거창으로 간다.
산 높고 물 맑아 지극히 원초적인 자연의 숨결을 자랑하고 있는 거창은
과연 '영남의 승지勝地'다. 지금 이곳은 자연과 인간 그리고 연극의 조
화로운 만남을 그리려는 '거창 국제연극제' 전야를 맞아 온통 들떠 있
다. 세계적인 연극제 '아비뇽 페스티벌'과 어깨를 나란히 하는 '연극의
성지'를 꿈꾸며… 이 지역 극단 '입체'가 처음 시작한 거창 연극제는
대한민국 대표 문화예술상품으로 성장하였으며, 바야흐로 세계적인 축
제로 발돋움하였다. 인구 7만의 자그마한 도시가 일구어낸 놀라운 성
과는 거창을 '삶의 질 향상 부분' 전국 최우수지역으로 선정되게 하는
결정적인 요소로 작용하였다.

10여 개의 크고 작은 가설무대에서 벌어지는 연극 잔치는 정말 푸짐하다. 국외 공식 초청작 4개 극단, 국내 공식 초청작 12개 극단 그리고 자유 참가작 8개로 보름 동안 차려진다.

자연과 전통이 어우러진 수승대의 야외무대

남덕유산 영봉에서 비롯한 원학동 계곡은 "맹인이 물소리만 들어도 천하절경임을 알 수 있는" 명승지다. 계곡물은 격랑을 이루며 거대한 거북 모양을 지닌 암봉 수승대를 껴안고 거친 호흡으로 흐른다. 수많은 현인들이 찾았던 곳이라 하여 모현대라 일컬었을 법하게, 암벽에는 퇴계의 명명시와 갈천의 시 등이 암각되어 있어 예스럽기 그지없다.

물소리와 산새소리, 솔바람소리가 교향곡처럼 한데 어우러지는 이 계곡 야영장엔 피서휴가를 떠나온 텐트가 원색의 숲을 이루고 있다. 수승대의 원래 이름은 수송대愁送臺라 하니, 과연 속세의 근심을 털어버릴 만큼 빼어난 풍광이다. 이런 절경을 배경으로 펼쳐진 야외수영장과 유선장, 물썰매장에서 풍덩거리다가 야외무대에 오르는 연극 잔치에 푹 빠져드는 흥취라니, 체험하지 않고서는 그 진미를 알 수 없다.

수승대 바로 옆, 수백 년 유서를 지켜온 구연 서원으로 드는 문이 관수루觀水樓인데, 용트림하는 듯한 싸리나무의 결을 그대로 살려 세운 기둥의 미감이 마음을 붙든다. 관수루에 올라 내려다보는 수승대 건너편은 요수 신권이 학문과 덕을 쌓으면서 여유를 즐긴 요수정樂水亭이 거송 몇 그루와 잘 어우러져 한 폭 산수화를 그려내고 있다. 구연 서원 앞뜰에는 그의 학문과 덕이 산처럼 높고 물처럼 영원하리라는 뜻을 새긴 듯한 산고수장비山高水長碑가 우뚝하다.

연극의 숲에서 삼복더위를 잊다

분장연구소에서는 연극제에 참가한 배우나 스태프뿐 아니라 축제객들의 얼굴에도 거창 국제연극제 앰블렘, 로고, 꽃과 나비 등의 문양을 그려주는 페이스 페인팅이 한창이다. "멋있게 그려 달라"며 좋아하는 연인들과 아이들의 들뜬 분위기에 나도 더불어 신명이 난다.

드디어 태평소를 불어대는 풍물패를 앞세우고 내외국 연극인들이 등장한다. 연극 소도구를 응용한 환상적인 거리연희가 수려한 숲길을 지나 수승대 앞 해묵은 당산나무 아래 야외극장 개막무대로 이어진다. 그 난리를 치던 태풍은 물러가고, 산간 하늘은 모처럼 먹구름을 걷어냈다.

서산에 걸린 금빛 햇살은 축제 마당을 찬연히 비추고, 수백 년 노송 숲이 뿜어내는 솔향기 그윽하다.

개막 선언에 이어 러시아 유고자빠드 극단의 '러시아 전통민요'와 독일 살푸리 극단의 '퀘스트' 하이라이트, 서울예술단의 사물놀이, 풍물 등의 축하공연에 축제객들은 아낌없는 환호를 보낸다. 이렇게 뜨겁게 축제의 서막을 연 이 연극제는, 프랑스 시골에서 출발한 아비뇽 연극제('아비뇽의 유수'가 일어난 고성古城을 무대 삼아 성장한 세계적인 연극제)의 길을 걷는다.

수승대 야외극장을 중심축으로 위천극장, 구연극장, 은행나무극장, 황산극장, 해인사 야외극장 등 10여 개의 크고 작은 가설무대에서 벌어지는 연극 잔치는 정말 푸짐하다. 국외 공식 초청작 4개 극단, 국내 공식 초청작 12개 극단 그리고 자유 참가작 8개로 보름 동안 차려진다.

빼어난 자연 경관을 배경으로 한 무대 위의 공연은 연극인이나 관객 모두에게 늘 새로운 감동을 준다. 공연이 끝난 후, '만남의 밤'에서는

개막 선언에 이어 러시아 유고자빠드 극단의 '러시아 전통민요'와 독일 살푸리 극단의 '퀘스트' 하이라이트, 서울예술단의 사물놀이, 풍물 등의 축하공연에 축제객들은 아낌없는 환호를 보낸다.

극단 연기자들과 축제객들 사이의 대화가 밤 깊도록 이어진다. 예술이 인생이 격의 없이 소통하는 자리다.

　연극제 동안에는 연극 관련 워크숍도 풍성하다. 참여자들이 즉흥적으로 주어진 상황에서의 트레이닝을 익히는 '바르보 연기 워크숍' '세리가와 아오의 즉흥연기 워크숍' 그리고 자연과 예술을 사랑하고 느낄 수 있는 이성과 감성 계발을 목적으로 한 '청소년 연극 캠프' 등이 그런 것들이다. 게다가 거창 팝 오케스트라 음악연주회, 다큐멘터리 영화 상영 등도 별미로 곁들여져 연극에 문외한인 축제객들도 심심해 할 틈이 없다.

　오늘날 거창 국제연극제가 '자연, 사람, 예술'이 잘 조율된 공연예술의 세계적인 잔치로 성장한 배경에는 숨은 일꾼들이 있는데, 특히 콧수염 아저씨 이종일 님의 열정과 헌신에 힘입은 바 크다.

축제 시기 | 8월 초·중순 무렵

가는 길 | 경부고속도로⇨대전 통영간 고속도로⇨88올림픽고속도로⇨거창 나들목⇨거창⇨수승대 축제장

별미 기행 | 별미식당(055-942-1850) | 삼산이수(055-942-1844)의 '한우고기요리'

행복한 쉼터 | 수승대여관(055-941-1130) | 로얄파크장(055-941-0211)

주변 명소 | 유안청폭포 | 금원산 자연휴양림 | 고견사 | 해인사

여행 정보 안내 | 거창군청 문화관광과(055-940-3181) www.keochang.net
　　　　　　　거창국제연극제집행위원회(055-942-4738) www.kift.or.kr

인형의 도시에서
동심으로 돌아가 놀다

　8월, 호반의 도시 춘천에서는 온갖 인형들이 꿈 많은 아이들과 아빠 엄마들을 기다린다. 살아 있는 색색의 꿈들을 보여줄 인형극 축제 기간 가운데 토요일에는 서울~춘천 간 코코바우 열차도 운행된다. 차창 밖으로 펼쳐지는 경춘가도의 아름다운 풍경을 배경으로 이어지는 환상적인 인형극과 마임, 퍼포먼스 공연 그리고 흥겨운 아코디언 연주 속에 코코바우가 그려지는 페이스 페인팅—이 테마 여정에서는 누구나 어느새 꿈과 사랑이 가득한 인형극 축제의 주인공이 되어간다.

다정한 코코바우가 꿈을 뿌려놓는 축제 전야

축제 전야, 오후 5시쯤 춘천시내를 가로지르는 개막 퍼레이드는 아주 유쾌한 동화의 세계! 인형극단들의 가장행렬과 대형인형들의 행진을 비롯하여 다양하고도 흥미진진한 퍼포먼스가 인형의 도시를 연출한다. 오후 8시쯤 춘천인형극장 축제무대에서는 20미터도 넘는 대형인형 40여 개가 등장하는 창작인형극 「봄내와 코코바우」가 올려져 밤하늘의 은하수만큼이나 요란한 탄성을 자아낸다.

춘천 인형극제의 캐릭터인 코코바우cocobau는 길쭉한 코 모양을 빗댄 '코코'와 강원도를 일컫는 '감자바우'를 더해 지은 이름이다. 날기도 하고 크거나 작게 변신도 하는 코코바우는 시내 어디서든 언제라도 마주치는데, 춘천을 찾은 여행객들을 유쾌한 인형의 나라로 안내하는 도우미이자 꿈과 심어주는 아이들의 다정한 친구다.

금강산도 식후경이라, 춘천의 대표 별미 닭갈비와 막국수 생각이 간절하다. 효자1동에 자리한 별당막국수집에서 옛날 방식으로 주인이 직접 요리한 막국수는 육수 맛이 일품이다.

유쾌한 꿈을 만져 볼 수 있는 인형들의 천국

인형극 축제의 중심 무대는 호젓한 정취가 물씬 풍기는 의암호를 감

어린이들을 위한 인형공방, 야외 미술시간, 쓰레기인형교실을 비롯한 인형 전시와 프로그램에 참여한 어린이들은 이마에 땀방울이 송알송알 맺힐 만큼 손놀림 재미에 푹 빠져든다.

싸고 자리잡은 춘천인형극장이다. 이곳은 지금 본격적인 어린이 축제
로 변신하고 있다. 이 연극제에 참가하는 국내 전문극단은 40여 개. 아
마추어 극단도 30여 개나 된다. 그리고 풍차의 나라 네덜란드를 비롯하
여 이탈리아, 러시아, 일본 등 7개국의 해외 전문극단도 참가하고 있다.
명실공한 세계적인 인형극 축제를 바로 우리 곁에서 즐길 수 있다.

줄과 막대 그리고 손, 장대 등을 동원한 인형극 잔치 메뉴는 다채롭
다. 극단 '수레무대'의 「오즈의 마법사」, 공연 창작 집단 '뛰다'의 「상
자 속의 한여름 밤의 꿈」 같은 국내 작품들과 일본 극단 '스기노고'의
「초록별 구출 작전」 등 해외 작품들이 한창 무대에 올려지고 있다. 부
산성폭력상담소의 「큰소리로 말할 거야, 성폭력은 안 돼」와 피노키오
인형극단의 「꾀 많은 토끼」 등의 인형극 공연도 어린이들의 상상력과
창의력을 키워주기에 모자람이 없다. 특히 코코바우 어드벤처에서의
「어둠의 나라에 갇혀 있는 인형들을 구해주세요」라는 테마는 아이들의
호기심을 모은다.

춘천인형극장 주변의 야외무대에서도 풍성한 무료 공연이 펼쳐지고
있다. 번개인형극은 인형극을 즉석에서 직접 배울 수 있는 판도 벌인
다. 이곳에서 얼마 떨어지지 않은 강원도립화목원에서도 녹음의 자연
과 잘 어우러지는 인형극들이 무대에 올려져 어린이들의 눈길을 사로
잡는다. 어른들은 어느새 잃어버리고 지냈던 어릴 적 그 꿈길로 걸어든

다. 인형극을 보다가 더운 어린이들은 시원스레 물줄기를 뿜어 올리는 분수광장의 물살을 헤집기에 신명이 나 있다.

배를 타고 건넌 고슴도치섬에서도 축제의 주인공은 여전히 어린이들이다. 어린이들을 위한 인형공방, 야외미술시간, 쓰레기인형교실을 비롯한 인형 전시와 프로그램에 참여한 어린이들은 이마에 땀방울이 송알송알 맺힐 만큼 손놀림 재미에 푹 빠져든다. 칡잎으로 곤충과 배 만들기, 갈대를 소재로 나무목걸이와 배 만들기, 미니 솟대 만들기 등의 자연생태학교 땅꼬마와 풀 나무 공작교실도 신명나긴 마찬가지다.

매일 저녁 8시면 '자전거를 탄 풍경'들의 포크 콘서트를 비롯하여 마술 쇼, 퍼포먼스 등 다양한 장르의 공연들이 축제무대에 올려져 한여름 밤의 열대야를 씻어준다. 그 공연들이 끝날 무렵부터는 코코바우 카페가 노천 카페에서 펼쳐진다. 깜짝 인형극 공연, 인형 경매 등등 인형극인들과 축제객들이 함께 어우러지는 이 카페는 지금 낭만이 넘치는 별유천지다.

인형의 도시, 춘천은 여름마다 이처럼 찾는 이들의 기대를 저버리는 법이 없다.

축제 시기 | 8월 중 · 하순 무렵

가는 길 | 46번 경춘가도⇨구리⇨청평⇨가평⇨춘천⇨춘천인형극장

별미 기행 | 별당막국수(033-254-9603)의 '막국수' | 명동 뒷골목의 춘천닭갈비집들 |
부용가든(033-255-5662)의 '춘천산채비빔밥'

행복한 쉼터 | 세종호텔(033-252-1191) | 강촌에버빌(033-261-0052)

주변 명소 | 청평사 | 남이섬 | 강촌유원지 | 김유정문학마을 | 애니메이션박물관

여행 정보 안내 | 춘천시청 문화관광과(033-255-0088) www.chuncheon.go.kr
춘천인형극제사무국 (033-242-8450) www.cocobau.com

강릉 단오제

유네스코 인류무형문화유산의
난장에 가다

예로부터 단오가 되면 강릉땅에서는 보리밭이 온전히 남아나지 않는
다는 우스개 소리가 전해온다. 신명난 난장의 여정을 따라가다 보면 아
마도 그에 얽힌 궁금증이 풀릴 터이다.

대관령산신과 국사성황신을 맞는 '영신제'

'대굴대굴' 굴러 넘어 '대굴령'이라고 부른다는 동해 제1의 관문 대

관령. 이 고개의 가장 높은 터는 예로부터 강릉사람들의 염원인 풍농과 풍어, 마을을 지켜 주는 국사성황신이 떠받들어지는 곳이다. 4월 보름날 올려진 대관령산신제에서 신목神木과 위패를 앞세워 모시고 "꽃밭일레 꽃밭일레 / 사월 보름 꽃밭일레 / 지화자 좋다 얼씨구 좋다 …." 「산유가」가 울려 퍼지는 가운데 대관령산길을 내려온 성황신 봉송 행차. 산신은 강릉시내 홍제동 여서낭당에 모셔진다.

단오 나흘 전인 음력 5월 3일에는 '강릉 단오제'의 본제인 '영신제迎神祭' 막이 오른다. 단오장 제단을 향해 부부 성황신인 국사서낭신과 여서낭신의 위패가 행렬의 맨 앞에 선다. 신목, 무격, 제관 그리고 풍악을 울리고 화개를 꾸며 흥을 돋우는 농악대와 관노가면극패가 그 뒤를 잇는다. 구경나온 사람들은 자연스레 단오등불을 나눠 들며 뒤따르고, 거리거리는 온통 축제 분위기로 달뜬다.

단오장 제단에 신이 모셔지는 순간, 오색 불꽃이 밤하늘을 수놓자 환영의 춤을 추며 신을 맞이하는 부녀자들과 축제객들이 저마다의 축원을 하며 남대천 물위에 수백 개의 단오등을 띄우고, 하늘엔 양기陽氣, 땅엔 음기陰氣가 가장 성하다는 때에 맞춰 강릉 단오제 본마당이 닷새 동안 펼쳐진다.

단오굿판에서는 나흘간 원초적인 세습무녀들의 울고 웃는 사설과 노래, 춤사위에 사로잡힌 축제객들이 절로 추임새를 넣거나 어깨춤 추며 쌈짓돈도 내놓고, 화평의 소지도 연신 올려댄다.

남대천변 단오장의 민속난장 열기

없는 게 없는 만물시장인 단오 난장에서 5월 7일 송신제에 이르기까지 연이어지는 민속행사는 단오굿, 관노가면극, 그네뛰기, 농악 경연, 줄타기 공연, 사투리경연 등 무려 50여 가지나 된다. 단오민속 체험축제 '창포 머리감기' '단오 수라취떡 만들기' '창포뿌리 비녀 만들기' 등 다채로운 행사가 갈수록 신명을 더하는 단오장터는 난장亂場을 이룬다. 해마다 100만 명이 넘는 인파가 모여드는 국내 최대의 민속축제인 강릉 단오제는 중요 무형문화재 13호에다 유네스코 인류무형문화유산으로도 지정되었다.

단오장 제단을 향해 부부 성황신인 국사서낭신과 여서낭신의 위패가 행렬의 맨 앞에 선다. 신목, 무격, 제관 그리고 풍악을 울리고 화개를 꾸며 흥을 돋우는 농악대와 관노가면극패가 그 뒤를 잇는다.

이 축제의 또 다른 볼거리는 관노가면극官奴假面劇으로, 악사들이 울리는 풍악 속에 진행되는 국내 유일의 무언가면극이다.

　특히 단오굿판에서는 나흘간 원초적인 세습무녀들의 울고 웃는 사설과 노래, 춤사위에 사로잡힌 축제객들이 절로 추임새를 넣거나 어깨춤 추며 쌈짓돈도 내놓고, 화평의 소지도 연신 올려댄다. 꽃노래굿, 등노래굿, 뱃노래굿판으로 절정에 달한 열기는 현실과 환상을 넘나드는 몽환적 주술의 극치를 이룬다. 이 축제의 또 다른 볼거리는 관노가면극官奴假面劇으로, 악사들이 울리는 풍악 속에 진행되는 국내 유일의 무언가면극이다.

　이렇게 풍요로움을 꿈꾸는 강릉 단오제는 국사서낭신을 환송하는 대맞이굿판을 끝으로 그 신명의 막을 모두 내린다.

축제 시기 | 단오 전후

가는 길 | 영동고속도로⇨(대관령 국사성황사)⇨강릉 노암동 단오장

별미 기행 | 초당할머니순두부집(033-652-2058)의 '순두부백반과 모두부' | 경포대 횟집촌

행복한 쉼터 | 주문진가족호텔(033-661-7400~4) | 선교장 전통문화체험관(033-648-7955) | 썬크루즈리조트 휴양 콘도미니엄(033-610-7000) | 대관령유스호스텔(033-648-4001)

주변 명소 | 경포대 | 선교장 | 허균 생가터 | 오죽헌 | 대관령박물관 | 참소리박물관

여행 정보 안내 | 강릉시청 문화체육과(033-640-5119) www.gangneung.go.kr
　　　　　　　　강릉단오제위원회(033-648-3014)

낮 기온이 30도를 웃도는 불볕더위의 연속이다.
이럴 때 물 맑은 산 깊은 강원도 인제는 최상의 여름 휴가지다.

폭염을 떨치고
'날아라! 굴러라! 온몸을 적셔라!'

낯 기온이 30도를 웃도는 불볕더위의 연속이다. 이럴 때 물 맑은 산 깊은 강원도 인제는 최상의 여름 휴가지다. 게다가 그곳에서는 박진감 넘쳐나는 레포츠의 모든 것이 하늘과 땅 그리고 물에서 신명나게 펼쳐진다.

온갖 여름 레포츠 동호인들이 모여드는 인제 레포츠 축제마당—그동안 갈고 닦은 기량으로 한바탕 걸게 놀아보겠다는 기세들이 등등하다.

날아라! 굴러라!

일요일 아침 8시, 수변도로에서는 5천여 명의 인라인 질주가 시작되었다. 하늘에는 연신 원색의 꽃들이 피어나는데, 인제 기룡산에서 날아오른 300여 명의 패러글라이더들이다. 4륜자동차대회장에서는 천여 명의 랠리 동호인들이 스피드경주와 인공장애물경주를 펼치느라 "부릉~ 부르르릉!" 가속페달을 신나게 밟고 있다. 각 스페셜 구간을 주파하는 모터사이클과 산악자전거대회도 박진감 넘쳐나는 이벤트다. 주행사장에서는 200여 개 팀이 서바이벌 게임에서 생사를 넘나들고 있다.

이 레포츠 축제는 보는 것만으로도 짜릿한 모험 이벤트가 지천으로 널려 있다. 대표적인 이벤트가 합강정공원에 설치된 번지점프 코스다. 인간이 가장 공포감을 느낀다는 높이 30미터에서 떨어지려니, 어찌 쉽게 발이 떨어지겠는가. 큰소리는 쳤는데 막상 올라와서 보니 눈앞이 아찔하다. 그래도 사랑 앞에서는 용기 없는 모습을 보이기 싫어 눈을 질

마음 맞는 사람끼리 5인승 보트로, 재주가 있으면 2인승 카누를 타고 빠른 물살과 바위 등의 장애물을 극복해가며 즐기는 래프팅 여정은 젊은이들에게 색다른 추억 만들기다.

번지 점프의 짜릿한 순간. 인간이 가장 공포감을 느낀다는 높이 30미터에서 떨어지려니, 어찌 쉽게 발이 떨어지겠는가. 큰소리는 쳤는데 막상 올라와서 보니 눈앞이 아찔하다.

근 감고 뛰어내리며 외친다. "미숙 씨, 사랑해!" 사랑은 없는 용기도 만든다.

그리고 온몸을 적셔라!

가만히 앉아 있어도 땀이 줄줄 흘러내린다. 지독히 더운 날이다. 이럴 땐 차가운 계곡물이 최고다. 이곳에서는 우리나라 최고의 레프팅 여정이 기다리고 있다. 내린천의 상류 궁동유원지에서 출발해 하추리, 원대리를 지나 밤골까지 이어지는 15킬로미터 구간은 줄을 서야 할 정도로 인기다. 마음 맞는 사람끼리 5인승 보트로, 재주가 있으면 2인승 카누를 타고 빠른 물살과 바위 등의 장애물을 극복해가며 즐기는 래프팅 여정은 색다른 추억 만들기다.

갯골천 하류에서 벌어지는 송어 맨손으로 잡기대회는 온 가족이 뛰어들어 볼 수 있는 물텀벙! 더위는 쫓고, 고기는 잡는 일석이조의 이벤트다. 전국에서 무려 200여 개 팀이 참가한 물축구는 공 대신 물만 차도 즐겁다.

밤에는 무얼 하고 놀까? 어둑해질 무렵, 날마다 테마를 달리한 무대에서 펼치는 록 페스티벌과 전통 타악 같은 이색 콘서트 그리고 돗자리영화제는 기웃거리기만 해도 더위를 식힐 수 있는 여름밤 청량제다.

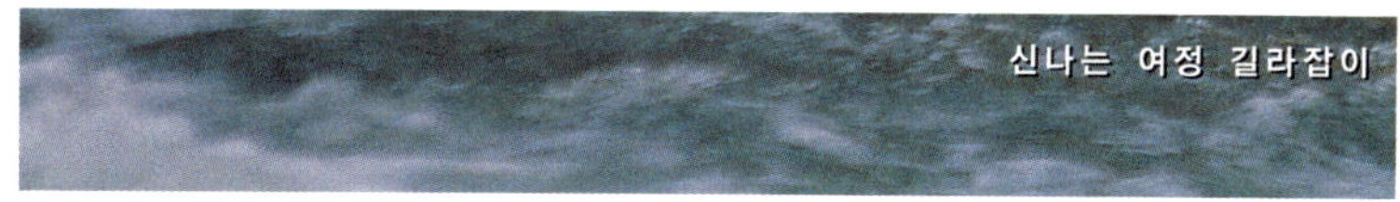

축제 시기 | 8월초 무렵

가는 길 | 영동고속도로⇨원주 나들목⇨홍천⇨인제⇨내린천

별미 기행 | 강변막국수(033-642-8558)의 '막국수, 편육, 홍어' |
강촌식당(033-462-9989)의 '산채비빔밥, 황태구이정식'

행복한 쉼터 | 가람황토방(033-462-3345) | 갤러리&팬션풍경소리(033-463-1209) |
고사리 쉼터(033-461-4586)

주변 명소 | 백담사계곡 | 산촌민속박물관

여행 정보 안내 | 인제군청 문화관광과(033-460-2083) www.inje.jangwon.kr

울릉도 오징어 축제

동쪽 끝 울릉도에
배 띄워 어화를 수놓을거나

동풍에 무슨 소식이라도 물으로 물어 오면

늘 그리워 꿈결 같은 섬, 울릉도

먼 시간, 파도를 가르고 그 섬에 닿으면

아스라이 가물거리는 동해의 끝점, 독도가 다시 그립다.

'울렁울렁 처녀가슴' 울릉도 뱃길 350리

포항에서 뱃길 따라 350리, 3시간 남짓 지나 저 멀리 수평선 위로 흰 띠구름을 두르고 신비의 모습을 드러내는 울릉도—2500여 년 전, 수심 3000여 미터의 해저에서 일어난 거대한 화산활동으로 생긴 섬이다. 마치 깊은 바다에서 뾰족하게 솟아오른 산 같다.

울릉도의 관문 도동항에 배가 닻을 내리자 포구 곳곳에 널린 오징어 덕대가 먼저 반긴다. '울릉도오징어'라는 말이 실감난다.

대원사를 거쳐 오르는 길 중간에서 독도박물관을 순례하고, 케이블카를 이용하여 오른 독도 전망대—이쯤에서 사람들은 독도를 사랑하는 마음으로 「독도는 우리 땅」을 흥얼거린다.

섬에 들어온 다음날부터 나는 분주한 도동항을 뒤로하고 저동항에 머물 자리를 틀었다. 이곳은 섬 붙박이들의 삶의 향기를 온전히 맡을 수 있는데다가 천변만화 장엄한 해돋이 광경 또한 일품이다.

울릉도 사람들은 이곳 풍물의 특징으로 '삼무三無'와 '삼풍三豊'을 자랑한다. 바다 속에서 뜨거운 용암이 분출되어 생긴 섬이니 뱀이 없고, 섬사람 모두가 빤히 아는 사이니 도둑이 없고, 자동차가 없었으니 공해가 없다고 해서 '삼무'라 하고, 물·향나무·오징어가 풍부하다고 해서 '삼풍'이라 한다.

밤바다를 어화로 수놓는 '울릉도 오징어 축제'

풍어제로 그 서막을 여는 축제의 주무대는 저동항이다. 축제객들은 「수궁가」 가락에 젖은 채 오징어내장탕, 오징어순대 등의 울릉도 향토 음식을 시식하면서 섬사람들의 후박한 인심에 감동한다.

'오징어퀴즈대회'에서 주워들은 귀동냥에 따르면, 우리나라 연근해에 서식하는 오징어는 약 80여 종이다. 살오징어, 화살오징어, 갑오징어, 반딧불오징어 등등…. 우리가 흔히 즐기는 마른 오징어는 살오징어인데, 울릉도 연안은 극동에서 가장 중요한 살오징어 어장으로 꼽힌다.

그런데 왜 울릉도오징어를 최고로 칠까? 울릉도의 청정해역에서 어획되어 오염되지 않아 위생적이고, 당일바리(일일조업)로 신선도가 높으며, 무공해의 맑은 자연풍으로 건조하기 때문에 오징어의 풍부한 맛과 영양이 살아 있기 때문이다. 그리고 크기를 늘리는 공정을 생략하므로 육질이 두텁고 씹을수록 구수하고 단맛이 나는 게 특징이다.

뭐니뭐니해도 축제의 하이라이트는 '오징어배 승선체험'과 '오징어 조업 현장 견학'이다. 밤 8시경, 축제객들을 실은 어선들이 연안 해역으로 나온다. 수많은 오징어잡이배들이 럭비볼 만한 집어등 수 백여 개에 올망졸망 불을 켜대고 칠흑 같은 밤바다를 밝히며 연신 오징어를 연신 낚아 올린다. 이 행사에 몸소 참가하는 것도 황홀한 체험이지만, 망향봉 전망대에 올라 이 풍광을 구경하는 재미도 그만이다.

너울너울 괭이갈매기 벗 삼아 즐기는 해상유람

다음 날 아침, 도동항에서 출발하는 해상관광유람선에는 수십 마리의 괭이갈매기들이 오랜 친구처럼 스스럼 없이 어울린다. 쪽빛 바다 위를 선회하는 하얀 갈매기들의 날개 짓은 그대로 시원한 그림엽서다.

수많은 배들이 애호박만한 집어등 수백여 개에 올망졸망 불을 켜대고 칠흑 같은 밤바다를 밝히며 오징어를 연신 낚아 올린다. 환상적인 삶의 풍광이다.

섬의 3대 비경인 삼선암, 관음굴, 공암과 기암괴석, 자연동굴, 만물상 등 병풍처럼 펼쳐지는 해안 절경에 절로 탄성이 인다.

출항 전, 자투리 시간에 도동항 왼편 해안절벽 아래로 난 암반해안산책로는 또 다른 절경 속으로 안내한다. 하얀 파도가 발밑까지 밀쳐 오르고, 신비로운 자연동굴과 골짜기를 연결하는 다리 사이로 펼쳐지는 비경은 넋을 잃을 정도다.

축제 시기 | 7월 하순~8월 초순 사이

가는 길 | (여객선) 포항⇔울릉도간의 카페리(054-242-5111) |
묵호⇔울릉도간의 여객선(033-531-5891) | 수도권은 대아여행사(02-514-6766)—출항 여부 전날 확인.

별미 기행 | (울릉도5미味) 보배식당(054-791-2683)의 홍합밥 | 99식당(054-791-2287)의 오징어내장탕·따개비밥, 중앙식당(054-791-2410)의 약소불고기 | 산마을식당(054-791-4643)의 울릉도산채비빔밥

여행 정보 안내 | 울릉군청 문화관광과(054-790-6393) www.ulleung.go.kr
울릉도닷컴 www.ullungdo.com

백련 향기를 찾아
구도여행을 떠나다

 세상을 뜨겁게 달궈대던 한여름도 지나고 아침저녁으로 제법 서늘한 가을 문턱이다. 세상살이 무에 그리 바쁘다고 식구들 성화에도 아랑곳 없이 가족휴가마저 미뤄가며 아등바등하던 어느 저녁, 남도땅 무안 회산백련지 초록빛 연잎바다가 TV 화면에 가득하다. 문득 더 늦기 전에

떠나야겠다는 생각이 간절해진다. 세상살이 무작정 덮어놓고 때늦은 여름휴가 여장을 꾸리기로 했다.

꽃길 따라 연꽃 만나러 가는 바람처럼 길을 달려 초가을 속 백련의 고고한 자태를 만나러 간다. 무안군 일로읍 복용리 회산백련지에 들어서면 무려 10만 평 가득 연꽃 천지, 아득한 연평선蓮平線이다. 백련바다에 넘쳐나는 생기生氣는 고아高雅하고 청초淸楚하기 그지없다. 대형 열기구를 타고 오른 하늘에서 내려다보면 초록 연잎바다 위에 백만 송이 백련이 하얀 눈송이처럼 피어 아찔한 장관이다.

이토록 아름다운 정원을 지은 이는 누굴까? '전설 속의 인물'로 길이 남은 고故 정수동 할아버지다. 백련 12그루를 구해 심은 날 밤 꿈을 꾸었는데, 하늘에서 학 열두 마리가 내려와 앉은 모습이었다고 한다. 그래서 12그루 연을 가꾸는 데 남은 생애를 바쳤다니, 그 정성이 하늘에 닿아 천상의 정원을 땅에도 베풀었지 싶다.

'애련설'을 떠올리며 거니는 백련교

'무안 백련 대축제'의 백미는 연꽃길 걷기다. 그해 여름, 이곳에서 잠시 길벗을 삼은 비구니 스님이 연꽃 보기 좋은 시간을 일러줬다. "연꽃은 하루 종일 피어 있지 않아요. 순결하고 청순한 마음을 지닌 꽃말처럼 수줍음을 잘 타서인지…. 아침 해보다 먼저 피어나는 연꽃이 더욱 돋보이지요. 그래서 해 뜨기 1시간 전후로 연꽃세상에 드는 것이 가장

좋다지요."

이튿날 이른 아침, 스님 말씀 따라 나선 연꽃길은 더 없이 고귀한 세상을 연출하고 있다. 물낯을 가린 뿌연 안개가 시나브로 걷히면서 자태를 드러내는 백련들—말간 이슬 머금은 청순한 꽃봉오리들이 수줍게 속살을 열고 있다. 백련지 한가운데를 가로지르는 나무다리 백련교는 연꽃 감상의 최적 코스다. 양편으로 끝없이 늘어선 초록 연잎바다의 장관을 가르며 걷는 길은 황홀지경! 성경 속의 모세는 홍해를 가르고 건넜다지만, 우리는 지금 연꽃바다를 가르며 걷고 있는 중이다.

이 나무다리 길에서 나는 중국 북송시대의 유학자 주염계의 수필「애련설愛蓮說」을 떠올린다.

내가 오직 연을 사랑함은 진흙에서 자라지만 물들지 아니 하고,

맑은 물결에 씻기어도 요염 하지 아니 하며,

속이 소통하고 줄기가 곧으며 덩굴지지 않고 가지가 없다.

물낯을 가린 뿌연 안개가 시나브
로 걷히면서 자태를 드러내는 백
련들. 말간 이슬 머금은 청순한
꽃봉오리들이 수줍게 속살을 열
고 있다.

꽃향기는 멀수록 더욱 맑으며, 우뚝 깨끗이 서 있음은 멀리 서도 볼 것이요,
다붓하여 구경하지 않을 것이니 연은 꽃 가운데 군자라 하네.

연꽃수상무대에서는 환상적인 백련 퍼포먼스 '꽃의 몸짓'이 눈길을
사로잡는다. 신비의 수중 연꽃길 보트 탐사는 연꽃 사이사이로 난 수로
를 떠다니며 마치 연꽃길을 걷는 듯한 환상으로 이끌린다.

영원불멸한 생명력, 연밥 대궁 속의 씨앗들

백련 축제 여정에서 '연의 효능 체험하기' '연꽃생태사진전' '종이로
만든 연꽃전'을 즐기다가 마시는 연잎차나 연근주스 한 잔은 갈증 해소
에 최고다. 그런가 하면, 연근수제비나 연근부침은 입을 더없이 즐겁게
하는 별미다.

물가 한 편에 조성된 수생식물자연학습장은 생태여행자들의 보물창

"연꽃은 하루 종일 피어 있지 않아요. 순결하고 청순한 마음을 지닌 꽃말처럼 수줍음을 잘 타서인지… 아침 해보다 먼저 피어나는 연꽃이 더욱 돋보이지요. 그래서 해 뜨기 1시간 전후로 연꽃세상에 드는 것이 가장 좋다지요."

고다. 쉽게 볼 수 없는 수십 종의 수생식물들—수련, 멸종 위기에 처한 가시연, 어리연, 노오란 물양귀비, 개연꽃, 꽃창포 같은 심연식물들과 연보라색 꽃의 부레옥잠과 같이 물위를 떠다니는 부유식물들—이 진귀한 아름다움을 꽃피우고 있다. 그런가 하면 팔뚝만한 가물치, 개구리, 올챙이는 물론 물과 친한 작은 곤충들도 아이들의 호기심 어린 시선을 모은다.

연밥 몇 대궁 챙기는 일도 빼놓을 수 없는 재미다. 2000여 년 전의 씨앗도 그 청정한 싹을 틔운다는 연이니, 거실 한 편의 백자에 꽂아 놓으면 그 영원불멸한 생명력이 간직될 터이다.

축제 시기 | 8월 중순 무렵

가는 길 | 서해안고속도로⇨일로 나들목 우회전⇨815번 지방도⇨일로읍⇨회산백련지

별미 기행 | 무안 오미五味 – 두암식당(061-452-3775)의 '돼지짚불구이' | 명산장어집(061-452-3379) | 강나루식당(061-452-3414)의 '장어구이' | 천지식당(061-454-5430)의 '양파한우' | 도리포횟집(061-454-6890)의 '민어 · 농어 · 숭어활어회' | 송현횟집(061-452-1548)의 '세발기절낙지'

행복한 쉼터 | 일로파크장(061-281-9999) | 동남모텔(061-454-4567) | 바닷가황토마을(061-453-0178)

주변 명소 | 초의선사 생가 | 조금나루 유원지 | 톱머리해수욕장, 법천사 | 항공우주과학관

여행 정보 안내 | 무안군청 관광문화과(061-450-5224) www.muan.jeonnam.kr

갈빛

가을에 떠나는 축제여행

순천만 갈대 축제 · 벌교꼬막 축제 | 부산국제영화제 | 강진 청자문화축제 | 금산인삼 축제 | 평창 효석문화제 | 양양 송이 축제 | 안동 국제 탈춤 페스티벌 | 진주남강유등 축제 | 전주 세계소리축제 | 김제 지평선 축제 | 강경 젓갈 축제 | 순천 남도음식문화 큰잔치 | 양양 남대천 연어축제 | 과천 한마당축제 | 정선 만등산 억새풀 축제 | 영동 난계국악 축제 | 합천 팔만대장경 축제

여문 햇살 아래 갈빛 바람 타고 놀다

가족과 함께 떠나는 행복한 축제여행

늦가을 남도의 서정,
갈대의 합창과 꼬막 맛에 취하다

우리나라 최대의 갈대 왕국, 순천만

빈 들에서 새들이 이삭을 찾아 푸르릉거리는 늦가을, 우리나라에서
가장 비옥한 갯벌을 안고 있는 순천만은 어김없이 환상적인 '갈대' 퍼
포먼스를 연출한다. 비릿한 갯내음을 따라 다다른 순천만 대대포구의
새벽, 갈대숲은 지독한 안개무리 속에 꼭꼭 숨어 있다. 왜 이곳이 김승
옥의 단편소설 「무진기행霧津紀行」의 무대가 되었는지 알 만하다.

안개는 마치 이승에 한이 있어 매일 밤 찾아오는 여귀가 뿜어 내놓은 입김과 같았다. 해가 떠오르고, 바람이 바다 쪽으로 방향을 바꾸어 불어 가기 전에는 사람들의 힘으로써는 그것을 헤쳐 버릴 수 없었다. (중략) 안개, 무진의 안개, 무진의 아침에 사람들이 만나는 안개, 사람들로 하여금 해를 바람을 간절히 부르게 하는 무진의 안개. —「무진기행」가운데서

지독한 안개가 갯강 수면 위로 옅게 피어오르며 서서히 걷히기 시작하자, 제 모습을 드러내기 시작하는 갈대숲. 동천과 이사천의 두물머리 지점부터 순천만의 갯벌 앞까지 펼쳐진 갈대밭은 무려 15만여 평!

갈대숲이 장관을 이루고 있는 순천만 대대포구와 자연생태공원에선 무려 40여 가지의 갈대 테마 축제가 펼쳐지고 있다. 순천만 생태탐사 체험 탐사선 타보기를 비롯하여 갈대 사잇길로 걸어드는 순천만 갈대 속 생태체험, 동심의 세계에 젖어들 수 있는 갈대원두막체험과 환경기원 연날리기 그리고 갈대공예품과 황포돛배 등등. 이처럼 다채로운 축제 이벤트가 펼쳐지는 이곳에서 가장 먼저 둘러봐야 할 곳은 '자연생태관'이다.

1층의 메인 홀에선 우아한 자태를 자랑하는 커다란 흑두루미 가족이

갈대숲 사이로 난 샛강을 따라 나아가는 탐사선의 뱃길은 4킬로미터. 별량면 장산 부근까지 다녀오는 데 걸리는 시간은 40여 분. 갈대 무리가 갯바람에 일렁이며 몸을 부비는 소리가 들려온다.

먼저 반긴다. CC-TV를 통해 실시간으로 순천만의 아름다운 풍광과 어우러지는 새들의 움직임까지 관찰할 수 있는 정보검색실. 순천만 생태계를 퀴즈식 문답풀이 게임으로 즐겨보는 아이들의 눈빛이 반짝거린다. 흑두루미, 수리부엉이, 큰올빼미 등 천연기념물과 보호 조수 박제품이 실감나는 2층의 제1전시실. '흑두루미의 갯벌탐험' 을 둘러보면 생동감 넘치는 갯벌과 순천만 생태계에 대해 확연히 눈이 트인다.

순천만 갈대숲을 누비는 생태탐사선 뱃길

순천만 갯벌 갈대밭은 탐사보존지역으로 선정된 곳. 다양한 갯벌생물과 희귀 철새들 140여 종을 보듬고 있는 천연자원이다. 흑두루미, 저어새, 뒷부리 도요, 가창오리 등이 갈대 숲 위로 아득히 날아오를 때, 포구사람들은 갈밭 한 편에서 한창 살이 토실토실 오른 '문저리'라 부르는 망둥어 낚기에 분주하다.

갈대밭 탐사는 대대포구 작은 선착장에서 탐사선 두루미호를 타고 별량 화포 쪽 수로를 따라 순천만 안으로 들어가 볼 수 있으면 더 좋다. 2~3미터 키의 갈대숲 사이로 난 샛강을 따라 나아가는 탐사선의 뱃길은 4킬로미터. 별량면 장산 부근까지 다녀오는 데 걸리는 시간은 40여 분. 갈대 무리가 갯바람에 일렁이며 몸을 부비는 소리가 들려온다. 보슬보슬한 꽃술을 갯바람에 흩날리며 서걱거리는 갈대 춤 소리다. 갯벌 깊숙이 안쪽으로 드는 도중에 선장이 들려주는 갯벌 생태 이야기는 신비하고 유익하다.

순천만 가장 안쪽의 갯벌에는 한창 붉게 물들어가고 있는 칠면초도 기다리고 있다. 아름다운 한국의 서정을 가장 잘 담아낸 임권택 감독의 영화 「취화선」에서 인상 깊게 나오던 그 갯벌 위의 칠면초다. 계절에 따라 일곱 가지 빛깔로 변한다 하여 그 이름을 얻게 된 칠면초는 대표적인 바다습지 식물이다. 갈대가 한창인 바로 이때가 가장 아름다운 빛깔을 띨 때다. 금빛 갈꽃이 서걱거리는 갈대숲과 붉은 기운의 진자줏빛 칠면초가 어우러진 순천만 갯벌 풍광은 물길을 가르는 탐사선을 따라 파노라마처럼 펼쳐진다. 늦가을 낭만의 절정이다.

계절에 따라 일곱 가지 빛깔로 변한다 하여 그 이름을 얻게 된 칠면초는 대표적인 바다습지 식물이다.

순천만 갈대밭 방죽 둑길을 따라 내달려 볼 수 있는 자전거 하이킹도 즐거운 갈대축제 여정이 되어준다. 사랑하는 가족과 함께 또는 연인과 함께 2인용 자전거에 오르면 그 싱그러움은 가슴속 깊은 곳까지 이른다. 갈대밭 둑 위에 올라 끝없는 순천만 갯벌을 뒤덮은 광활한 갈대밭을 내려다본다. 정감 넘치는 남도 사투리가 절로 나온다.

"워메 워메, 참말로 징허게 이쁘요!"

용산 일몰전망대에서 바라보는 황금빛 해넘이

순천만 갈대밭의 마지막 장관은 용산 일몰전망대에서 바라보는 해넘이다. 특히 해질 녘, 이곳 용산 전망대는 우리나라 낙조 제1경으로 꼽는 최고의 낙조 포인트다.

생태공원 조성으로 설치된 나무다리 산책길을 따라 20여 분 정도 걸어드는 갈대밭 산책길은 용산 아래에까지 이어진다. 이곳에서 20여 분 정도 더 오르면 용산 일몰전망대. 발 아래로 신이 빚어 가꾼 듯한 절경이 펼쳐진다─드넓은 갯벌과 갈대숲 군락, 갯벌 한가운데 원반처럼 조성된 신생 갈대밭 옆으로 완벽한 S자형으로 휘감아 돌아 흐르고 있는 샛강.

오후 5시 30분 경, 마침내 서편 하늘에 붉은 기운이 퍼져오기 시작한다. 그리곤 바로 이어 온통 붉은빛으로 물드는 바다. 그 바다를 향해 구불구불 흘러드는 샛강은 황금가루를 뿌린 듯이 석양에 물든다. 망둥어를 낚기 위해 떠났던 작은 어선들이 그 갯강을 따라 거슬러 돌아 오르며 물살을 가른다. 황금빛에서 주황빛으로 시나브로 물드는 샛강의 물길은 마치 꿈결 같은 그리움으로 채색되고 있다─"아, 인간은 도저히 흉내낼 수 없는 자연의 위대함이여!"

갯벌의 맛이 쫄깃쫄깃한 '벌교 꼬막 축제'와 『태백산맥』 문학기행

순천만 갈대 축제 시기와 맞추어 인근 보성군 벌교읍에서는 '벌교 꼬막 축제'가 펼쳐진다. 보성군 득량만부터 고흥군 여자만으로 이어지는

넓고 판판한 나무널에 한쪽 다리를 올리고, 다른 다리로 뻘을 차며 앞으로 나아가는 모습이 이채롭다.

부용교(소화다리) 위에선 벌교 농무패들이 질펀하게 다리밟기 놀이를 하며 한껏 축제의 신명을 돋우고 있다.

길쭉한 만은 남해안의 명물 참꼬막이 가장 많이 잡히는 곳이다. 이곳 해안도로를 달리다보면 머리에 수건을 쓴 여인네들이 질펀한 갯벌에 줄지어 꼬막을 캐내는 모습이 진경을 이룬다. 배에 가득 실려온 꼬막을 선별하는 작업장 풍광이 이채로운 벌교 바닷가 포구는 물론 벌교역 앞 거리에 날마다 펼쳐지는 반짝시장에도 벌교 꼬막 자루는 산처럼 쌓여 있다. 자산 정약전이 『자산어보玆山魚譜』에 소개한 것처럼 "꼬막은 크기가 밤톨만하고 껍질은 조개를 닮아 둥글다. 빛깔은 하얗고 무늬가 세로로 열을 지어 있다. 줄과 줄 사이에는 도랑이 있어 기와지붕 같다."

'벌교 꼬막 축제'의 주무대는 대포선착장 일원. 갯제에 이어 갯벌에서 꼬막을 채취해온 갯마을 아낙네들의 삶이 그대로 펼쳐지는 '갯벌널배타기 경연'. 벌교 각 포구마을을 대표하는 아낙네들이 널배를 이용해 너른 갯벌을 쏜살같이 가르고 나아간다. 폭 50센티미터, 길이 3미터의 넓고 판판한 나무널에 한쪽 다리를 올리고, 다른 다리로 뻘을 차며 앞으로 나아가는 모습이 이채롭다. 널배의 속도는 웬만한 배보다 빠르다.

여행자들도 갯벌에 들어가 '갯배타기'과 '꼬막잡기'를 체험할 수 있다. 일단 갯벌에 들어서면 많이 망가질수록 즐거운 꼬막 축제의 주인공이 된다. 벌교읍내 축제마당에서 '꼬막까기대회'와 '꼬막삶기 체험 및 무료시식'에 참여한 주민들과 축제객들도 한껏 흥에 겨워 하나로 어우

러진다. 외지 사람들이 좀처럼 꼬막을 까지 못하자 한 아주머니가 요령
을 알려준다. "아따 그리 하는 게 아니지라우. 엄지손톱 밑 살 부분을
이용하면 쉽지라이."

이 무렵 벌교의 음식점에서 음식을 시키면 상이 차려지기 전에 먼저
삶은 꼬막부터 한 사발 내놓는다. 맛 돋음이다. 예로부터 임금님 수랏
상의 8진미 가운데 일품으로 진상되었던 벌교 꼬막이 아니던가. 이곳
토박이들이 가장 즐겨 찾는 꼬막 전문 음식점은 '벌교갯벌식당(061-858-
3322)'이다. 주인 이영숙 씨의 손맛으로 차려지는 갖가지 꼬막음식들은
금세 군침을 돌게 한다. 고소한 꼬막전, 짭쪼름하면서도 담백한 꼬막
회, 새콤한 꼬막회무침, 감칠맛 나는 양념꼬막, 구수한 고막된장찌개…
보는 것만으로도 즐겁다.

"간간하고 졸깃졸깃하고 알큰하기도 하고, 배릿하기도 한 그 맛은 술
안주로도 제격이제."

과연 소설 『태백산맥』이 전하는 맛 그대로 쫄깃쫄깃한 꼬막 맛은 아
무리 먹어도 질리지 않는 무기질 해산물이다.

수십 년의 시간이 비켜간 듯 옛 정취가 곳곳에 남아 있는 벌교 땅. 조
정래의 대하소설 『태백산맥』의 작품무대 기행은 각별하다. 그래서 '태

백산맥 무대 가족걷기대회'는 자녀들과 함께 하면 의미 깊은 여정이다.

'여순 반란사건'을 앞둔 어느 새벽, 솜털처럼 하얀 갈대꽃무리 풍광의 벌교 포구를 배경으로 서막을 연『태백산맥』. '소화다리'라고 불리는 부용교를 건너 이른 회정리 '돌담교회'. 높은 솟을대문과 안채의 위엄을 지닌 현부자집. 그리고 일제강점기 벌교읍민들의 한이 서려 있는 '중도방죽'을 지나 진석마을 앞까지 6킬로미터의 여정이다.

특히 염상진, 하대치 등 빨치산들이 지주들의 집에서 빼앗은 쌀을 소작민들에게 나눠주기 위해 쌓아두었던 홍교虹橋는 벌교의 상징이다. 현존하는 무지개형(아치형) 돌다리 가운데 그 규모가 가장 크고 아름답다는 이 다리 위에선 벌교 농무패들이 질펀하게 다리밟기 놀이를 하며, 한껏 축제의 신명을 돋우고 있다.

축제 시기 | 9월 중순~10월 중순 사이

가는 길 | 호남고속도로 서순천 나들목(2번 국도)⇨순천시내⇨청암대학 사거리(좌회전)⇨대대포구(갈대축제장)⇨(2번 지방도) 벌교읍⇨벌교 대포선착장(꼬막축제장)
※순천시티투어버스(749-3107)⇨순천역 앞에서 09:50에 매일 1회 출발

별미 기행 | 순천 대대포구 강변장어구이집(061-742-4233)의 '장어구이 정식' |
순천만갈대회관(061-741-8431)과 강남식당(061-857-7528)의 '짱뚱어탕' |
벌교갯벌식당(061-858-3322)의 '꼬막정식'

행복한 쉼터 | 순천만 갈대밭의 새벽안개 풍광을 즐기려면 순천시내의 람세스(061-725-7001) |
사파이어(061-722-6655) | 아이젠(061-722-3050), 순천시티관광호텔(061-753-4000) |
낙안읍성 내 초가민박집 안내(061-754-2550)

주변 명소 | 선암사 | 송광사 | 낙안읍성 | 금둔사

여행 정보 안내 | 순천시청 문화관광과(061-749-3328) www.suncheon.go.kr

부산국제영화제의 영상 파노라마와 다양한 축제 이벤트 등의 즐길 거리들은
부산 앞바다의 파도처럼 넘실거린다.

세계적인 영화바다에서 눈부시게 항해하다

아름다운 시절의 추억 '빠방틀기'

해마다 10월이 되면 영화축제의 물결이 넘실거리는 '영화직할시' 부
산. 그곳으로 향하는 KTX 안은 영화 여정 잡기에 들떠 있는 영화 마니
아들의 열기로 뜨겁다. 그들을 바라보노라니, 문득 영화가 지독히 보고

싫었던 내 유년기 시절의 흑백 필름이 새록새록 오버랩된다.

가난했던 그 시절, 아이들에게 영화 보기는 그림의 떡. 그럴수록 미국 할리우드 판 서부영화 포스터 속의 백인 기병대와 건맨의 모습은 어린 우리들에게 절대정의였고 꿈이었다. 그런 갈증의 어느 날, 극장 안으로 몰래 들어갈 비법 찾기에 골몰하는 악동들에게 주어진 행운의 찬스는 일명 '빠방틀기'. 천국으로 들어가는 문처럼 열려 있는 극장 옆마당 쪽 문. 절호의 찬스에 희열을 느끼며 살금살금 기어들어 극장 안 어둠 속으로 빠져드는 순간, 뒷덜미를 낚아채는 우악스런 손아귀. 아뿔싸, 영화간판 그리는 아저씨들에게 잡힌 우리는 겁에 질려 오그라든 고추만 팬츠로 가린 채 "다시는 빠방을 안 틀겠습니다!"를 골백번도 더 복창하고 등에 '빠방'이라는 페인트 글씨를 저주처럼 새겨 받은 채 쫓겨나곤 했다.

해변의 은막을 수놓는 빛의 파노라마

시인이며 '문화 게릴라'로 이곳 출신인 이윤택이 어느 지면에서 "푸른 파도 손짓하는 자유지대"라고 표현한 부산은 언제 찾아도 낯설지 않다. 먼바다로 나아갈 수 있는 항구 도시의 자유분방함이 부리는 마술이 여행자의 긴장을 '무장해제' 시켜서인가.

벌써 10회를 맞이한(2006년엔 11회) 은막의 축제 '부산국제영화제'는 영화제 프로그래머들이 한 해 내내 73개 나라를 뒤져 무려 307편의 출품 영화를 선정한다. 이 영화제의 영상 파노라마와 다양한 축제 이벤트 등의 즐길 거리들은 부산 앞바다의 파도처럼 넘실거린다.

드디어 부산 해운대구 수영만 야외상영관에서 '부산국제영화제'의 화려한 은막이 펼쳐진다. 개막선언에 이어 국내 최대 규모를 자랑하는 은막이 드러나고 수십 발의 축포와 현란한 음악 조명 쇼가 화려하게 밤하늘을 수놓는 가운데 스타들이 소개되면서 분위기는 한껏 고조된다.

이어 밤바다 해변의 어둠을 가르고 쏘아지는 이 영화제의 개막작은 허우 샤오시엔 감독의 「쓰리타임즈」. 연애몽, 자유몽, 청춘몽 이야기로 구성된 이 영화는 밝음과 어두움의 대비가 세밀한 조명을 통해 두 남녀 간의 미묘한 감정 흐름을 담아낸다. 테마음악 「Smoke Gets in Your

© PiFF(개막식 장면)

Eyes」를 배경으로 '영화의 바다'를 수놓는 빛의 물결을 타고.

남포동 야외무대 광경. 수많은 영화팬들이 스타들과의 만남을 즐기고 있다. PIFF의 뜨거운 열기가 느껴진다.

PIFF 광장에서 스타들의 핸드 프린팅에 손을 대보다

영화제 엠블렘이 나부끼는 남포동 극장가 PIFF(PUSAN International Film Festival) 광장. 필자의 동서인 조각가 김학제가 '부산국제영화제' 상징 조형물 공모전에 당선하여 세운 작품이 세워져 있다. 세계를 상징하는 지구 위로 필름이 불꽃처럼 올라가는 형상을 지닌 예술작품은 영화제의 거리를 더욱 빛내주고 있다.

"1996년 부산국제영화제의 창설을 기념하고 영원히 발전시키기 위하여 여기 PIFF 광장을 조성한다"라고 새겨놓은 기념동판부터 김기영, 웨인 왕, 제레미 아이언스, 페르난도 솔라나스, 이마무라 쇼헤이 등의 핸드프린팅과 사인 등이 새겨져 있는 PIFF 광장은 이젠 '부산국제영화제'의 명물이다. 특히 고 유영길 촬영감독의 어구가 인상적이어서 몇 번 다시 읽게 한다─"좋은 구도는 없다. 그러나 나쁜 구도는 있다. 나쁜

구도란 작위적인 것이다."

올 영화제에서도 영화계에 큰 업적을 남긴 영화인을 위한 핸드프린팅 행사가 축복 속에 펼쳐지고 있다. 할리우드의 스타거리 못지않은 부산국제영화제 스타의 거리가 벌써 10주년 째 이어지고 있는 것이다. 이렇게 유명 영화인들의 핸드프린팅 동판들이 해를 거듭할수록 많이 새겨지고 있는 이 거리는 '부산국제영화제'가 걸어온 발자취일 터다. 축제객들은 유명 영화인들의 핸드프린팅에 자신들의 손바닥을 포개보며 즐거워한다.

스타들과의 열린 무대에서의 행복한 만남

대영시네마, 부산극장, 국도극장 등 무려 11개의 상영관이 들어서 있는 남포동 극장가는 전국에서 연일 몰려드는 영화 마니아들로 초만원. 이들은 지금 많은 영화를 매진사례로 만들고 있는 중. 세계에서 미국

축제객들은 유명 영화인들의 핸드프린팅에 자신들의 손바닥을 포개보며 즐거워한다.

다음으로 대학에 설치된 영화학과 수가 최다인 나라다운 풍경이다.

아시아 영화감독들의 신작 및 화제작을 선보이는 '아시아 영화의 창', 세계적인 영화작가들의 최신작이 소개되는 '월드시네마', 영화 시선을 넓혀 색다른 버전을 보여주는 단편영화, 애니메이션 등의 수작을 모아 선보이는 '와이드 앵글' 등이 풍성하게 차려진다. 무엇부터 즐겨야 할지 몰라 다들 즐거운 비명이다. 그 무리 가운데 나도 섬처럼 떠 있다. 황홀한 방황이다.

'부산국제영화제'는 영화인들만의 축제가 아니어서 더욱 축제답다. 감독과 배우 그리고 관객이 함께 영화보기는 '부산국제영화제'를 찾은 관객들에게 가장 좋은 호응을 보이는 영화축제 이벤트. 이 영화제의 진짜 재미는 좋은 영화를 보는 것뿐 아니라 영화 상영 후 열리는 '관객과의 만남'에 참여하기다. 영화가 끝난 후 불이 켜진 무대에 오른 '감독과의 대화'도 진지한 영화보기를 도와준다. 수많은 축제객들이 에워싼 열

영화 시선을 넓혀 색다른 버전을 보여주는 단편영화, 애니메이션 등의 수작을 모아 선보이는 '와이드 앵글' 파티가 신명나게 펼쳐지고 있다.

톱스타 성룡과 김희선 그리고 당
계례가 팬들과 만남의 자리를 갖
고 있다.

린 무대 주위에서 까치발을 들어가며 스타들에게 보내는 시선과 관심
은 대단히 뜨겁다. 일본의 꽃미남 배우 츠마부키 사토시를 비롯하여 성
룡, 김희선, 장동건, 전지현, 양귀메, 장첸 등 수많은 국내외 스타들이
관객과 열린 무대에서 만남을 갖고 있다.

무대에 오른 스타들이 "한국 영화를 더 많이 사랑해 달라"는 메시지
에 축제객들은 아낌없는 갈채를 보내며 환호성으로 화답한다. 영화제
내내 이렇게 남포동 PIFF 광장 거리무대에는 밤낮 없이 스타들이 뜬다.
축제객들은 스타들과 함께 사진을 찍고 사인을 받아내며 싱글벙글.

영화를 보느라 핏발 선 눈을 부산 앞바다에서 씻다

영화를 보느라 핏발 선 눈을 씻을 곳은 PIFF 광장에서 그리 멀지 않은
곳곳에 널려 있다. 중앙로를 건너 자갈치 아지매들의 "오이소! 보이소!
사이소!"의 단 세 마디 구수한 사투리가 정겨운 자갈치어시장은 부산
사람들의 삶의 정취와 열정을 온몸으로 느낄 수 있는 곳. 싱싱한 회 한
접시를 즐기다보면 영화인들과 합석하여 영화세상을 들여다보는 기회

영화제 마지막 날 폐막작은 황병국 감독의 영화 「나의 결혼 원정기」다. 따뜻하고 유머러스한 휴먼 드라마가 은막을 수놓는다.

도 만날 수 있다. 새벽 2시경이면 박진감 넘치는 수산물 경매현장도 구경할 수 있는 이곳에선 10월 중순 무렵 '부산 자갈치 축제' 가 열린다.

낮에는 활기 넘치는 항구도시 풍경을, 밤에는 휘황찬란한 부산의 야경을 120미터 높이의 부산탑에서 내려다 볼 수 있는 용두산 공원도 빼놓을 수 없는 곳. 이 공원 부근 광복동에서 중앙동으로 조금 걸으면 영화 「인정사정 볼 것 없다」에 나온 그 유명한 40계단을 밟을 수 있다. 연안부두에서 기다리고 있는 관광유람선 테즈락 호에도 올라본다. 앞바다로 나야간 선상에선 오류도가 떠 있는 부산 앞바다가 품안에 들어올 듯하다.

영도다리를 건너 태종대로도 건너가 본다. 다리 아래로 짠 소금기의 삶을 싣고 들락거리는 작은 통통배들이 부산하게 왕래하는 풍경은 건강하다. 해안도로를 따라 운행되고 있는 부비열차를 타고 오른 태종대. 오랜 세월 거센 파도가 다듬어 놓은 바위절벽과 기암괴석이 절경을 이룬 이 곳은 언제 찾아와도 좋다. 절벽 위에 기대어 선 하얀 등대를 돌아 내려가는 계단의 모습은 여전히 이국적이다. 신선바위, 망부석, 자갈마당 등을 둘러보고 오른 전망대에서 바라보는 거칠 것 없는 수평선은 '부산국제영화제'에서 충혈된 눈을 식혀주기에 충분하다.

영화제 마지막 날 폐막작은 황병국 감독의 영화 「나의 결혼 원정기」다. 따뜻하고 유머러스한 휴먼 드라마가 은막을 수놓는다. 많은 삶의 짐을 지고도 군소리 없이 자신의 삶에 충실한 변방의 사람들에게 보내는 진심 어린 송가가 가슴에 진하게 와 닿는다.

모든 은막이 걷힌 밤 10시, 해운대 요트 경기장. 수만 개의 별들처럼 빛나는 불꽃들은 밤하늘에 찬연한 의미를 남겨 놓는다. 화려한 폐막 파티가 펼쳐진다. 5000여 명의 관객과 부산시민에 대한 감사의 뜻으로 영화인들과 함께 어우러지는 맥주 파티는 이색적이다. 모두들 연신 잔을 높이 들어 브라보를 외친다―"부산국제영화제를 위하여!"

축제 시기 | 10월

가는 길 | 경부고속도로 구서 나들목⇨도시고속도로⇨수영만⇨남포동 PIFF광장

별미 기행 | 자갈치 시장 내 명물횟집(245-4995)의 '회백반' | 광안리 기마솥(751-3962)의 '한정식' | 해운대의 금수복국(742-36000의 '복요리' | 금정산성 내 청송가든(517-55020의 '염소불고기'

행복한 쉼터 | 웨스틴조선비치(051-742-7411) | 바다풍경(051-317-8897) | 히딩크펜션(051-703-5259) | 자갈치시장의 공판 경매 풍광을 보려면―영진관광호텔(051-246-4846)

주변 명소 | 부산의 몽마르뜨―해운대 달맞이고개, 해운대관광유람선(051-746-4242), 범어사와 금정산성

여행 정보 안내 | 부산국제영화제집행위원회(051-743-3010) www.piff.org

흙과 불, 인간이 만나
천년 비색을 빚어내다

가을이 알맞게 무르익을 무렵 이 땅 곳곳에서는 축제의 신명이 펼쳐

지고 있다. 단풍 여행철, 분주함을 피해 가족 나들이로 가장 가볼 만한

축제는 바로 '강진 청자문화 축제'다.

그곳에 가면 고려청자 그 천년의 신비를 만날 수 있다. 더구나 강진은

160

다산초당, 영랑 생가, 백련사 등으로 이어지는 '남도 답사 1번지'가 아니던가.

신神에 이르는 고려청자의 성지, 강진 땅

강진읍에서 축제가 펼쳐지고 있는 마량 청자도요지로 빠지는 23번 국도는 구강포 앞 바다를 계속 끼고 돌아 달린다. '숨쉬는 그릇' 옹기로 유명한 칠량도 지난다. 이렇게 조금 더 아름다운 바다를 감상하며 내달리면 대구면 청자골(국가 사적 68호)—그 유명한 고려청자 가마터가 무려 180여 개나 발견된 곳으로, 9~14세기에 걸쳐 청자를 빚어온 고려청자의 성지이자 세계적인 청자의 고향이다. 고려청자 도공비 헌화와 분향에 이어 고려청자 무명 도공들의 넋을 추모하는 진혼제가 경건히 올려진다.

사당리에는 강진청자자료박물관이 있는데, 축제객들이 고려청자의 진면목에 어렴풋이나마 눈을 뜨는 공간이자 훌륭한 청자학습장이다. 박물관 왼편으로 돌아가면 민속옹기전시장이 눈길을 붙드는데, 감나무 그늘 아래에 갖가지 옹기들이 그야말로 옹기종기 모여 있다. 그 위편으로는 축제객들이 손수 청자를 빚어볼 수 있는 청자 빚기 체험마당이 기다린다. 그 옆으론 가마터가 있고 청자를 만드는 제작실이 있다. 형상실, 성형실, 조각실 등으로 이어지는 이 공간에서 천년 도공의 후예들이 고려청자 비색秘色을 재현해내고 있다.

중앙전시관의 기획전시실과 유물자료실에서는 국보급인 진품 고려청자의 신비와 3만여 점의 청자 유물이 눈길을 붙든다. 이 지역에서 빚어진 청자는 빙렬이 없는 비취색을 자랑한다. 일본인 우시야마 쇼오죠는 "누가 내게 신神에 이르는 길이 무엇이냐고 묻는다면 '고려청자를 통해서'라고 대답할 것"이라고 이곳의 청자를 극찬하였다. 복원된 고려청자 가마터에서는 개막식 직후 불 지핀 장작 불꽃이 본벌 소성을 위해 신의 혼을 빚고 있는 중이다.

푸른색 자기 술잔을 구워내 열에서 하나를 얻었네

선명하게 푸른 옥 빛나니 몇 번이나 짙은 연기 속에 묻혔었나

영롱하기 맑은 물을 닮고 단단하기 바위와 맞먹네

이제 알겠네, 술잔 만든 솜씨는 하늘의 조화를 빌었나 보구려

가늘게 꽃무늬를 점찍었는데 묘하게 정성스런 그림 같구려…

—이규보, 「푸른 사기 잔」 중에서

162

청자촌에서도 눈부신 고려청자의 아름다움을 완상할 수 있다. 강진 군내 개인요에서 출품한 빼어난 청자 작품들과 오리연적·사자베개· 원숭이연적 같은 지니고 있으면 소원하는 바가 이루어진다는 '행운청 자전'. 그리고 세계의 도자기와 우리 도자기가 자웅을 겨루는 '외국청 자비교전' 관람에서 축제객들의 안목은 쑥쑥 자란다. 여기서 키운 안목 은 행운도 안겨준다. '사라진 천년의 신비를 찾아라!'가 바로 그런 이 벤트다. 여러 청자 가운데서 강진 청자를 찾아내고, 고려청자 관련 문 제를 풀어보는 가운데 '청자 박사'라도 된 듯한 즐거움에 빠져든다. 푸 짐한 상품은 덤이다.

흙과 불을 어울리는 도공의 후예가 되어보다

가장 인기 있는 프로그램은 고려청자를 직접 빚어보는 것이다. 먼저 직접 흙을 밟아보고 메로 쳐보는 청자 흙 만들기에서부터 청자 만들기 체험은 진지해진다. 청자 흙을 밟은 후 청자촌 길가에 조성된 맥반석 수로를 맨발로 걷기는 건강에도 좋은 웰빙 이벤트다. 그러나 직접 전통 물레를 발로 돌려 차가며 청자를 만드는 청자 빚기부터는 만만치 않은

과정이다. 이윽고 빚어놓은 청자에 저마다 좋아하는 무늬를 새겨 넣는 상감문양 넣기에 구슬 같은 땀을 흘리는 순간, 순간이 희열이다. 물론 여기까지의 예술적 체험은 완전 공짜다.

그뿐 아니라 가마에 불 지피기, 초벌·본벌구이 등 청자를 만드는 모든 과정을 직접 따라 해볼 수 있다. 일만 오천 원 정도 부담하면 자기가 빚은 청자 작품을 소장하는 행복도 누릴 수 있다. 우리 고유의 전통 옹기 제작 과정 시연을 보여주는 칠량봉황옹기장 정윤석 씨. 발로 물레를 돌려가며 그네의 솜씨를 흉내내보지만, 어림도 없다.

예혼을 지닌 도공들은 웬만해선 가마에서 구워진 자신의 작품에 만족하지 못한다. 이때 미련 없이 깨버린 청자 파편은 훌륭한 체험거리다. 그 청자 파편으로 아빠, 엄마와 함께 모자이크 놀이를 하는 고사리 손들은 시간가는 줄 모른다.

'손재주가 워낙 메주'라서 청자 빚을 재주가 없는 사람도 이 축제마당에선 기죽지 않는다, 손과 발만 준비하면 되는 청자도판 찍기가 있으니. 손이나 발 모양을 흙판에 찍어주면 가마에 구워준다. 늘 말없이 수고하는 자신의 손과 발에 감사를 바치는 별난 축제마당이다. 그리고 고려청자로 크고 작은 20개의 종을 걸어둔 청자대형종 걸이에 다가가 타종해본다. 고려청자 신비의 소리가 가슴 깊이 울려온다.

청자의 아름다움에 넋을 빼앗겨 밥 때를 잊었다가 시간을 거슬러 고려시대의 의상을 입고 그 시대의 음식을 맛볼 수 있는 '고려주막'을 찾아 음식을 청한다. 축제를 즐기다 가을바람에 이끌려 바로 옆 전원풍경 속의 원두막에 올라본다. 아빠는 어릴 적 수박 참외 서리에 얽힌 모험담을 풀어 놓으며 향수에 젖고, 엄마는 아이들과 함께 청자 빚었던 손에 봉숭아꽃물을 들이며 소녀 적에 들은 전설 같은 얘기를 들려준다—
"첫눈이 올 때까지 봉숭아꽃물이 남아 있으면 첫사랑에 성공한대."

축제 시기 | 10월 초순 무렵

가는 길 | 호남고속도로⇨광주 톨게이트⇨비아 나들목⇨나주⇨영암⇨강진⇨대구도요지
서해안고속도로⇨목포 나들목⇨영암 삼호⇨영암 학산⇨강진⇨대구도요지

별미 기행 | 청자골종가집(061-433-1100) · 해태식당(434-2486)의 '한정식' |
동해식당(061-433-1180)의 '짱뚱어구이, 짱뚱어탕' | 전통찻집 도향

행복한 쉼터 | 뉴프린스장(061-7300-7301) | 부성파크호텔(061-434-2081)

주변 명소 | 다산초당 | 백련사 | 영랑 생가 | 무위사 | 전라 병영성

여행 정보 안내 | 강진군청 문화관광과(061-430-3224) www.gangjinfes.or.kr

생명의 뿌리를 캐먹고
천하를 얻다

초가을 금산 여행길. 길섶에는 온갖 야생화가 소담스레 피어 있고, 원두막에 오르면 이철수 판각 글씨가 예쁘다. 자연과 사람이 편안한 안목이 돋보이는 전원이 좋다. 겹겹이 중첩된 산들이 산맥으로 흐르는 가운데 금수강산錦繡江山이 축약된 금산錦山의 산비탈에는 검은 차양을 드리운 밭뙈기 천지다. 이색적인 이 풍경은 프랑스 한 건축가의 표현대로 "꼭 설치 미술 같다." 한때는 우리나라 인삼의 95퍼센트를 생산해낸 인삼경작포다.

5년 연속 문화관광부 추천 최고 축제로 명성을 날린 금산 인삼 축제.

166

그 주무대는 개삼터와 인삼시장으로 유명한 인삼 약초거리다. 먼저 찾은 곳은 진악산 남녁자락 남이면 성곡리 개암마을 우대 개삼터. 인삼 축제의 서막인 개삼제를 제관들이 경건하게 올리고 있다.

개삼터는 "관음봉 암벽에 가면 빨간 열매 세 개가 달린 풀이 있을 것이니 그 뿌리를 캐어 달여 드리라"는 산신령의 계시를 받아 그 뿌리로 어머니의 중병을 고쳐드렸다는 강 처사의 효자설화가 전해오는 땅이다. 그 씨앗이 금산인삼의 유래가 된다. 이런 효행설화를 간직하고 있는 금산인삼은 "생명의 뿌리요, 불로장생의 영약"으로 일컬어지면서 백제인삼의 명성을 오늘에 이어오고 있다.

인삼의 주성분인 사포닌 함량은, 분지이면서도 고랭지인 금산처럼 기온의 차가 심한 곳에서 그 양이 많이 생성된다. 그런 연유로 금산인삼을 인삼 가운데 최고로 꼽는다.

"하루만 보내도 건강해지는" 금산인삼장터

"금산에서의 하루, 당신의 미래가 건강해 집니다"라는 축제 슬로건이 내걸린 인삼종합전시관은 메인 이벤트가 열리는 곳. 개막을 알리는 거리 퍼레이드와 함께 본격적인 축제마당이 펼쳐진다. 대형 인삼 모형, 산신령 신화 재현, 인삼 아가씨 선발, 금산 농악놀이 등으로 이 거리축제는 들썩들썩하다.

특유의 쌉싸름한 향취가 온몸을 감싸는 인삼요리 축제마당. 가족, 연인, 친구들이 인삼파전과 인삼떡, 약초떡을 만들어보는 그윽한 인삼향에 건강한 웃음꽃을 피운다. 인삼약초로 만든 55가지 먹을거리 모두가 그대로 보약이다.

마당극패 '우금치'의 '강처사설화마당'에 함께 어우러진 축제객들. 푸짐한 익살과 재담에 젖어드는 향수…. 이어지는 금산 민속의 자랑거리 '물페기 농요'도 신명난 볼거리. 처연하지만 힘차고 담백한 음색은 마음을 적셔준다. 그리고 한번 굿판이 벌어졌다하면 날을 새우고 말 것 같은 신명 넘치는 '금산좌도 풍물놀이'. 외마치에서 열두 마치까지 한 바탕 휘젓자, 한껏 달아오르는 인삼 축제 거리.

국내 인삼 생산량의 80퍼센트가 거래되는 인삼 및 약초 관련 점포는 무려 419개. 하루에도 수십 톤이 넘는 물량의 인삼이 유통된다는 이 약초거리는 온통 보약천지. 보약 내음 물씬한 거리는 산더미처럼 쌓인 인삼과 약초를 흥정하는 소리로 생기가 넘친다. "약초 중의 약초, 인삼"의 고향답게 품질이 뛰어난 인삼과 약초를 시중가보다 30퍼센트 이상 저렴하게 팔고 있다.

인삼약초거리에서 즐겨보는 약초 썰기 체험. 옛 선조들이 사용했던 손작두로 약재를 썰어보는 이색적인 체험에 진짜 약초상이 된 기분으로 기념품까지 생기니 그 재미가 더욱 쏠쏠해진다. 바로 옆에서는 국내 유수의 대학 한방병원 전문 한의사들의 무료 진맥과 인삼과 약초의 우수성을 알리는 '인삼동의보감'이 펼쳐지고 있다. 체질에 맞는 인삼과 한약재 처방을 공짜로 받은 후에 그 처방에 따라 첩약을 짓고 탕약까지 내려 받을 수 있으니, 어찌 아니 즐거우랴.

초보 삼마니들의 잔치, 인삼 캐기 여행

햇볕가리개 채광막을 들치고 들어선 축제객들은 긴 갈고리로 인삼 캐기에 한창 상기되어 있다. 여기저기서 푸른 잎사귀 무성한 뿌리째 파 올린 인삼을 치켜들고 흥에 겨워 "삼 봤다!"를 외치는 초보 삼마니들.

"약초 중의 약초, 인삼"의 고향답게 품질이 뛰어난 인삼과 약초를 시중가보다 30퍼센트 이상 저렴하게 팔고 있다.

여기저기서 푸른 잎사귀 무성한 뿌리째 파올린 인삼을 치켜들고 흥에 겨워 "삼 봤다!"를 외치는 초보 삼마니들.

쌉싸름한 향도 좋은 이 공짜 체험은 인삼축제의 절정이다. 직접 캐낸 인삼은 즉석에서 싸게 구입할 수도 있어, 줄을 서야 할 정도로 남녀노소 누구에게나 인기가 높다.

"좋은 인삼은 대개 4~5년 삼을 최상품으로 치는디, 잘난 색시 허벅지 아래 다리처럼 살색이 뽀얗고 단단한 것이 늘씬허야지, 암만." "한마디로 금산인삼이 그렇단 말이여." 금산 토박이가 일러주는 좋은 인삼 가려내는 방법이다.

귀로에 오르기 전, 인삼사우나에 들러 피로를 푼다. 인삼의 주성분인 샤포닌이 보글보글 거품을 내는 욕탕 속에 몸을 담근다. 여독에 거칠어진 피부가 다시 팽팽해짐을 느끼며 "아하, 개운하다!"

축제 시기 | 9월 중순 무렵

가는 길 | 경부고속도로⇨대전통영간고속도로⇨금산 나들목⇨금산읍 축제마당

별미 기행 | 원조삼계탕(041-752-2678)의 '삼계탕' | 적벽강가든(041-753-3595) · 용강식당(041-752-7693) · 시탕뿌리(041-751-1456)의 '인삼어죽 · 도리뱅뱅이'

행복한 쉼터 | 인삼호텔(041-751-2501) | 남이자연휴양림(041-753-5706)

주변 명소 | 대둔산 | 서대산 | 보석사 | 칠백의총 | 적벽강 | 운일암 반일암

여행 정보 안내 | 금산군청 문화관광과(041-753-4350) www.geumsan.go.kr

메밀꽃 필 무렵,
가을문학기행을 떠나다

해마다 가을이면 어김없이 찾아가는 가을문학기행 1번지, 강원도 평창군 봉평 땅. 그곳에서 날아든 효석문화제 초대장을 받아들면 나는 어느새 문학 소년이 되어 들뜬다.

봉평면 들머리에 이르면 온통 '메밀꽃' 천지다. '메밀꽃 필 무렵' 이정표에서 시작하여 '메밀꽃 주유소' '메밀꽃 다실'…「메밀꽃 필 무렵」 한 편의 소설이 가히 '메밀꽃' 왕국을 그려놓고 있다.

소설의 주무대였던 봉평장터와 물레방앗간, 가산공원, 생가 가는 길 등의 주변 4만여 평은 지금 온통 메밀꽃세상! 효석의 묘사대로 "소금을 뿌려 놓은 듯" 피어 환하게 길을 밝힌다.

> 산허리는 온통 메밀 밭이어서 피기 시작한 꽃이 소금을 뿌린 듯이 흐뭇한 달빛에 숨이 막힐 지경이다.
>
> —「메밀꽃 필 무렵」중에서

봉평 장거리에서 허 생원과 장돌뱅이들이 지친 여정을 풀었던 술집, '충주댁'. 예전의 그 '충주집'은 사라졌지만 '충주집터비'가 사연을 전하고 있다. 효석의 아호를 딴 가산공원에는 이효석 흉상과 김우종이 평한 비문을 새긴 문학비가 있다—"… 그가 남긴 문학은 1930년대 순수

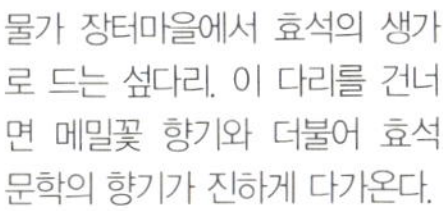

물가 장터마을에서 효석의 생가로 드는 섶다리. 이 다리를 건너면 메밀꽃 향기와 더불어 효석 문학의 향기가 진하게 다가온다.

작단을 빛내는 가장 정교한 기념탑이었다. 비록 일제 말기 우리 민족의
슬픈 현실에 몸을 담그지 않은 피안의 문학이기는 했지만…."

1930년대의 생활체험이 생생한 재래장터에선 옛 먹을거리 메밀막국
수, 메밀부침개 등이 입맛을 돋운다. 물론 메밀막걸리 한 잔도 컬컬한
목을 축이는 데는 그만이다. 원초적인 인정과 미감이 가까이 있어서 기
분 좋은 좌판이다. 바로 옆에선 왼팔로만 경기를 하는 '허생원팔씨름
목침빼기'가 한창이다.

무섭고도 기막힌 밤, 달빛 속으로 걸어드는 문학기행

물가 장터마을에서 섶다리를 건너들면 "하얀 소금밭" 같은 메밀밭이
아득하게 펼쳐진다. 하얀 꽃망울을 흐드러지게 터트려대는 메밀꽃밭에
서서 메밀꽃 무서리를 바라보면 "숨이 막힐 지경"이다. 산자락 아래에
는 장돌뱅이 허 생원이 성 서방네 처녀와 "무섭고도 기막힌 밤"을 지새
운 물레방앗간이 복원되어 있다. 소설 속 장돌뱅이가 되어 당나귀도 끌
어보며, 허 생원이 되어 성 처녀에게 귀엣말도 소곤거려 본다.

이효석 생가 터에는 이효석문학기념비가 있고, 인근 이효석문학관에

는 효석의 문학세계가 오롯이 갈무리되어 있다. 이곳에서는 '이효석 문학강좌'를 비롯하여 '이효석 창작교실' 등이 펼쳐진다.

짧아져 가는 가을해가 서녘 산마루에 걸치기 시작할 무렵이면 옛 장꾼들의 모습을 재현한 가장행렬이 펼쳐지고, 메밀꽃 가득 핀 야외무대에서는 '노래와 만나는 문학의 밤'이 낭만을 선사한다.

효석문화제의 백미는 아무래도 '달빛 아래서 메밀밭 산책하기'가 아닐까? 음력 칠월 보름 백중 무렵은 달이 좋은 밤이다. 길은 하나인데, 그 정취는 낮과 밤이 다르다. 밤에 나선 산책길에서는 효석이 그린 허생원의 느낌이 그대로 전해온다―"길은 지금 긴 산허리에 걸려 있다. 밤중을 지난 무렵인지 죽은 듯이 고요한 속에서 짐승 같은 달의 숨소리가 손에 잡힐 듯이 들리며, 콩 포기와 옥수수 잎새가 한층 달에 푸르게 젖었다. 산허리는 온통 메밀밭이어서 피기 시작한 꽃이 소금을 뿌린 듯이 흐뭇한 달빛에 숨이 막힐 지경이다."

　달빛 아래 가을의 전령사 풀벌레소리뿐인 이 소롯길에선 나귀를 끌
며 봉평장을 다녔을 허 생원이 지금 저 앞에서 걸어오고 있는 듯한 착
각이 들 지경이다.

　홍정천 물가 야외무대에서는 밤늦도록 영화―배우 장항선이 허 생원
으로 열연했던 「메밀꽃 필 무렵」―가　상영되고 있다. 소설을 영화로
보는 재미도 색다르다.

　하얀 달빛 아래 메밀꽃밭을 스쳐 지나는 '나귀의 방울소리'처럼 흔들
리는 서정이 날숨들숨 쉬는 물레방앗간 앞 공터에 주차한 차 안에서 팔
을 괴고 누우니, 차창 너머로 기어든 달빛이 읽어주는 이야기는 여전히
저 물레방앗간 안에서 장돌뱅이 허 생원과 성 서방네 처녀가 나눈 하룻
밤의 짧은 사랑, 그 "무섭고도 기막힌 밤"이다― "장 선 꼭 이런 날 밤
이었네. … 보이는 곳마다 메밀밭이어서 개울가가 어디 없이 하얀 꽃이
야. 돌밭에 벗어도 좋을 것을 달이 너무도 밝은 까닭에, 옷을 벗으러 물
레방앗간으로 들어가지 않았나. 이상한 일도 많지. 거기서 난데없는 성
서방네 처녀와 마주쳤단 말이네. 봉평서야 제일가는 일색이었지. …생
각하면 무섭고도 기막힌 밤이었어."

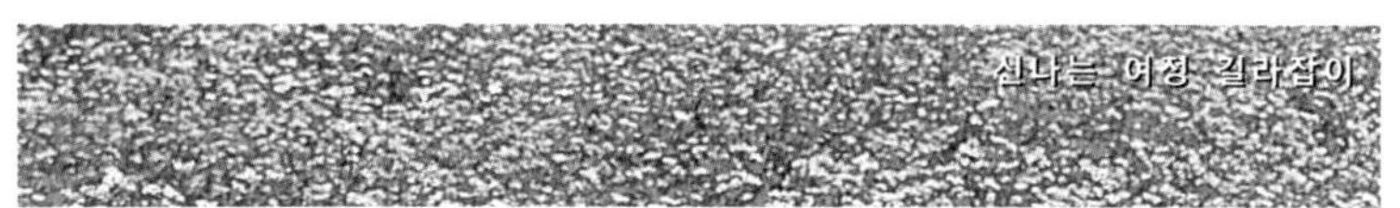

축제 시기 | 9월 중순 무렵

가는 길 | 영동고속도로⇨장평 나들목⇨봉평방향 6번 국도⇨봉평장터

별미 기행 | 현대막국수(033-335-0314) | 두레마을(033-333-4431)의 '메밀막국수·메밀전병' |
평창송어장(033-332-0505)의 '송어회'

행복한 쉼터 | 메밀꽃 필 무렵(033-336-2461) | 허브나라민박(033-335-2902) |
휘닉스 파크 더 호텔·콘도(033-333-6000)

주변 명소 | 팔석정 | 홍정계곡(허브나라) | 무이예술관 | 덕거연극인촌 | 오대산

여행 정보 안내 | 평창군청 문화관광과(033-330-2542) www.happy700.or.kr
효석문화제위원회(033-335-2323) www.yes-pc.net

산신령이 키운
가을 산의 보물을 캐러 가다

양양 송이축제는 주로 자연체험 중심으로 운영되고 있다. 대부분 엄격하게 관리되고 있는 송이 산지에서 자연산 송이의 생태를 직접 관찰하고 채취도 해 볼 수 있는 송이 채취 체험, 양양 송이의 우수성과 생태 보존의 중요성을 일깨우는 송이 생태 견학 그리고 산 속을 뒤져 양양 송이와 양양 특산물을 찾아다니는 송이 보물찾기가 그런 체험들이다.

축제마당 한 편에 조성된 작은 소나무 동산은 송이 생태 견학마당으로, 귀한 송이들이 제 모습을 자랑하고 있다. 그것도 무려 십여 송이씩이나 다복한 것이 '송이 노다지'다. 송이 생태계를 가까이에서 볼 수 있도록 인위적으로 배려한 송이 밭이다. 갓 퍼지기 전의 잘 생긴 1등급 송이는 마치 그 모습이 귀두가 통통한 자지를 그대로 빼닮았다.

소나무 아래에서만 움을 틔우는 송이는 매우 생육조건이 까다로운 영물—"송이는 30년 이상 된 건강한 적송赤松 아래서 더불어 자라지요. 그것도 주로 산등성이의 낙엽이 쌓이지 않는 비교적 척박한 화강암 토질에서만 자라요. 올해는 토양이 비에 충분히 젖었기 때문에 아마도 금송이가 무더기 무더기로 솟아 오를거래요." 송이 축제를 준비해온 산촌주민들의 마음은 지금 한창 설렌다.

송이 맛을 보지 않고 가을을 논하지 마라

능선마다 단풍저고리를 차려입으며 남하하는 남설악 양양의 가을.
영물 송이에 다가가 보려 전국에서 모여든 축제객들의 차림도 울긋불
긋, 꽃단풍. 참가비 2만 원을 주고 참여하는 송이 채취 체험이나 송이
보물찾기 산행은 축제의 백미다. 송이 채취 체험은 산지에서 펼쳐지는
데 양양 현북면 어성전리와 명지리 그리고 서면 논화리가 중심이다.

"잠들었던 천년의 신화를 깨우려" 등산화 끈을 조여 맨 후, 송이 캐는

본격적인 축제가 펼쳐지기에 앞
서 풍물패가 신명난 길놀이로
한껏 분위기를 띄운다.

막대기 하나씩 건네받고 남설악 가을산으로 든다. 바다 건너온 일본인
들도 꽤 눈에 띤다.

양양군 현북면 일대 비포장 임도를 한참 오르다 접어든 7~8부 능선
의 소나무숲. "예부터가 송이밭이래요." "예로부터 송이밭은 딸한테는
커녕, 부자지간에도 일러주지 않는다고 해요." "여러분은 특별히 모신
거래요. 그러니 송이 안 다치게 조심조심, 아셨죠?" 맨 앞에서 안내하
던 송이 심마니 김씨의 말이다.

그 귀하다는 송이가 행여 발에 밟힐까 조심조심 발짝을 뛰며, 눈에 불
을 켜고 솔숲 아래를 막대기로 헤쳐 보는 이들. 그러나 솔숲 속의 보물
은 그 모습을 쉽게 보여주지 않는다. 그렇게 얼마를 더 지났을까…. "우
와~, 송이다!" "살살 캐라구요, 살살." 귀한 송이가 다칠세라, 발발 떤
다. 송이 덮은 솔잎낙엽을 살살 걷어내고, 막대기로 그 주변을 지긋이
박아 흙 속에서 보물을 밀어 올리는 손길. 그 신비로움을 감추고 있었
던 '천년의 영물'이다. 모여든 사람들의 부러운 눈빛. "햐~ 정말 버섯
의 귀족 황금버섯이네!"

이렇게 5시간 남짓 체험을 마치고 산을 내려올 즈음이면 손마다 가을

보물 몇 송이씩 들려 있다. 이렇게 채집한 송이를 현지에서 살 경우 산지가격보다 10퍼센트 정도 깎아 준다.

최상등품 1킬로그램당 평균 30만 원을 호가하는 이 귀한 송이의 단점은 장기 보관이 어렵다는 것. 그래서 양양 송이 축제의 매력은 질 좋은 송이를 저렴하게 맛 볼 수 있다는 것. 이곳 송이직판장에선 주머니 가벼운 이들도 기죽을 필요 없다.

"1등급의 3분의 1 가격인 3등급이나 등외품 송이도 맛과 향을 즐기기엔 아쉽지 않더래요."

양양 토속 송이를 시식해 볼 수 있는 송이먹을거리장터의 유혹에 못 이기는 척 빠져드는 축제객들. 물론 오색호텔의 요리사들 솜씨가 더해진 다양한 송이 요리도 맛 볼 수 있다.

이곳 양양 토박이들은 말한다.

"옛적부터 송이 맛을 보지 못한 사람은 가을을 논하지 말랬드랬어요."

"아, 미식가들은 9월 송이를 먹기 위해 1년을 기다린다잖아요."

하나에 보통 만 원이 넘어가는 송이지만 어찌 그 맛을 보지 못하여 가을을 논할 수 없는 사람이 될 것인가. 귀한 만큼 그 맛도 귀하고 오묘하다. 입안 가득 싸하니 퍼지는 향긋한 가을향이 행여 새어나갈까 봐 입을 다문 채 천천히 음미하며 눈을 감는다.

축제 시기 | 10월 초순 무렵

가는 길 | 영동고속도로⇨강릉 나들목⇨현남 나들목(종점)⇨7번국도⇨양양시내 남대천
(대한항공—서울⇔양양, 1일 2회 운행)

별미 기행 | 양양자연송이마을(033-672-0072) · 등불(033-671-1500) · 송이골(033-672-8040)의 '송이등심구이, 송이전골' | 실로암막국수(033-671-5547)의 '동치미막국수'

행복한 쉼터 | 낙산비치호텔(033-672-4000) | 낙산프레콘도(033-672-5000) |
흐르는 강물처럼(033-673-0941) | 솔하우스(033-673-2459) | 미천골자연휴양림(033-673-1806) |
송천떡마을 민박 | 낙산유스호스텔(033-672-3416)

주변 명소 | 오색계곡 | 낙산사 | 하조대 | 남애항 | 양양곤충생태관

여행 정보 안내 | 양양군청 문화관광과(033-670-2724) www.yangyang-gun.gangwon.kr

안동시내 낙동강변. 각양각색의 탈을 쓴 길놀이꾼들의 탈춤판과
구경나온 사람들이 어우러진 길놀이가 한바탕 걸게 벌어진다.

멋에 취하고 흥에 겨워
덩실덩실 탈춤을 추다

삶이 팍팍하고 버겁다 여겨질 땐 신명을 찾아 나서는 것도 한세상 사
는 슬기가 아니겠는가. "탈춤을 추면 살맛이 나고, 탈춤을 추면 세상이
보인다"는 안동 국제 탈춤 페스티벌. 그래, 그곳에 가면 흥과 신명을 느
껴볼 수 있으리.

안동에 들어서자 태백산맥 남쪽에서 발원한 낙동강 줄기가 동서를 가로지르며 흐른다. 그 굽이에서 '양반의 고장'답게 예스러운 고가古家들이 심심찮게 보이고….

안동시내 낙동강변. 각양각색의 탈을 쓴 길놀이꾼들의 탈춤판과 구경나온 사람들이 어우러진 길놀이가 한바탕 걸게 벌어진다. 하회별신굿탈놀이의 백정탈과 부네탈, 고성오광대의 문둥춤탈, 봉산탈 등으로 축제마당은 온통 탈과 탈춤세상이다. 북청사자놀음 속의 사자탈이 금방이라도 그림 속에서 "어형~ 어홍~" 하고 뛰쳐나올 기세다.

아주 이색적이고 진귀한 탈들을 만날 수 있는 세계탈전시장. 인류의 원초적 꿈을 배운다. 탈춤 따라 배우기 한마당에서는 축제객들이 "얼쑤! 얼쑤!" 소릴 매기는 탈춤사위로 벌써부터 북적거린다.

물돌이마을에서 펼쳐지는 해학과 풍자의 굿판

하회마을로 접어들자 장승공원인 목석원의 수십 개 하회탈장승들이 먼저 반긴다. 이어 찾은 하회동 탈박물관. 하회마을에 살던 허 도령이 신의 계시를 받아 제작했다는 전설을 간직한 하회탈은 나무탈로 우리나라 최고의 탈이다. 탈 쓴 광대가 얼굴을 뒤로 젖히면 호방하게 웃는 표정이고, 얼굴을 숙이면 화가 잔뜩 나거나 비애에 젖은 표정으로 바뀌기도 하여 사실미가 강하게 느껴진다.

솟을대문·행랑채·사랑채·안채 등을 잘 갖춘 사대부집들과 서민들의 초가에 이르기까지 300~500여 년이나 된 130여 호의 옛집들이 들어서 있는 하회마을. 예스러운 멋을 잘 간수한 돌담길을 따라 마을 안으로 걸어든다. 세월을 거슬러 조선시대로 걸어드는 느낌이다.

류성룡의 종택 충요당 담연재는 영국 여왕이 하회별신굿탈놀이에 흥이 겨워 발장단 맞추는 장면이 전 세계에 방송되어 동서양 문화의 벽을 허문 곳이기도 하다. 원지정사, 빈연정사, 북촌댁, 남촌댁 등을 둘러보고 오른 낙동강변 둑길. 여기 사람들이 꽃내라 부르는 강은 마을을 휘돌아나간다. 그래서 물돌이 즉 하회河回라 불린다. 태극선을 연상시키는 이 강둑길은 혼자 걸어도 좋고, 연인끼리라면 더욱 좋다. 풍치 좋은 솔숲 아래에서 펼쳐진 무대에서는 연일 세계 여러 나라의 탈춤 공연이 흥을 더한다.

햇살 머금은 바람이 간지러워 산들거릴 때마다 은빛 억새꽃사위, 가을 한낮 볕이 좋은 하회탈춤공연장. "둥-둥-둥～, 꽤갱-꽤갱- 꽤갱갱～." 북과 꽹과리의 세마치장단에 맞춰 탈 쓴 각시·양반·선비·백정·중·할미·부네 등이 차례로 등장하는 탈놀이마당. 신방울이 울리며 하회별신굿의 막이 열린다.

잡귀와 사악한 것들을 물리치는 주지마당이 펼쳐지고. 백정마당에서는 뱃구레를 푸짐하게 내보이는 백정이 때려잡은 소의 염통과 우랑(소불알)을 떼어들고 둘러 선 좌중에게 "… 양반님네들 염치 생기는 황소 불알잇씨더. 소불알 사시이더, 쇠불알! 식은 땀 흘리는 양반님네들은 그저 소불알이 최고입니더!"

이렇게 던져진 너스레에 마음껏 화답해대는 좌중. "그래 그 불알 내

풍치 좋은 솔숲 아래에서 펼쳐진 무대에서는 연일 세계 여러 나라의 탈춤 공연이 흥을 더한다.

가 살란다, 이리 다고!" 성을 금기시해 온 지배계급을 놀려대는 백정의 걸쭉한 입담 앞에 얌전한 아가씨들은 얼굴부터 빨개지고, 좌중은 배꼽이 빠져라 웃어댄다.

다음 판은 한평생 어렵게 살아온 처지를 베틀가로 풀어내는 '할미마당', 기생 부네에게 욕정을 참지 못하다가 초랭이에게 들키고 마는 '파계승마당', 양반과 선비가 기생 부네를 차지하려고 싸움판을 벌이다가 백정에게서 우랑을 서로 사려고 다시 다투자 할미에게 혼쭐이 나도록 망신당하는 '양반과 선비마당' 끝머리. "못생긴 사람들 같으니라구. 그래 소불알 하나 가지고 양반도, 선비도, 백정도 서로 지 불알이라카이, 도대체 이기 누 불알이꼬?… 예끼, 이 한심한 사람들아!"

"탈난 것을 탈잡아 탈을 쓰고 춤추어 탈난 것을 탈친다"는 말처럼 모순을 극복하려는 민중의 풍자와 해학 의지가 강한 대동연희 탈춤판이 자못 흥겹다.

밤하늘을 수놓는 양반들의 풍류, 선유줄불놀이

이 축제에서 빼놓을 수 없는 백미는 하회마을 건너편의 기암절벽 부용대에서 펼치는 선유줄불놀이다. 땅거미가 어스름 기어들고 하늘엔 성근 별 초롱거리는 저녁. 만송정 맞은편 강 건너 부용대까지 이은 수 갈래의 줄에는 뽕나무숯가루에 소금 섞은 수백 개의 줄불이 불꽃을 타 닥탁 틔워가다가, 폭죽 터지는 굉음을 내기도 하는 우리 식의 전통불꽃놀이다.

꽃내 상류에서 소망 담은 달걀불 수백 개가 꽃불을 아로새기며 동동 떠내려오고 흥이 한껏 돋을 때, 드디어 이어지는 낙화落花놀이. 수천 명의 축제객들이 일제히 "낙화야~!" 강 건너 부용대를 향해 함성을 지

하늘의 줄불, 강 위의 달걀불, 부용대 절벽에서 떨어지는 낙화, 배 위에로 은은히 비추는 초등, 그리고 님의 술잔에 어리는 꽃등이 어우러지는 최고의 풍류! 덩실덩실 춤이 절로 나온다.

르면, 부용대 꼭대기에서 불붙인 숯갑이 힘껏 내던져진다. 순간 백여 미터 절벽 아래로 함지박만한 불덩이가 떨어지다가, 바위에 산산이 부서져 흩어지는 불꽃이 이루는 장관에 절로 내지르는 탄성들.

하늘의 줄불, 강 위의 달걀불, 부용대 절벽에서 떨어지는 낙화, 배 위에로 은은히 비추는 초등, 그리고 님의 술잔에 어리는 꽃등이 어우러지는 최고의 풍류! 덩실덩실 춤이 절로 나온다.

하회마을 천년 전통가옥에서 지새는 밤, "안동찜닭과 안동간고등어에 파란 불꽃 이는 안동소주로, 오늘 한 번 화끈하게 불 질러 볼까나."

축제 시기 | 10월 초 무렵

가는 길 | 중앙고속도로⇨안동⇨낙동강 둔치 · 안동하회마을

별미 기행 | 까치구멍집(054-821-1056)의 '헛제사밥, 간고등어백반, 안동찜닭'

행복한 쉼터 | 안동파크관광호텔(054-859-1500) | 지례창작예술촌(054-822-2590)

주변 명소 | 안동민속박물관 | 병산서원 | 도산서원 | 봉정사 | 퇴계 종가 | 이육사 문학기행지

여행 정보 안내 | 안동시 문화관광과(054-856-3013) www.andong.go.kr
www.maskdance.com

진주
남강
유등
축제

남강에
소망 밝힌 유등을 띄우다

새버리 절벽을 돌아들어 굽이굽이 짙푸른 남강을 따라 찾아드는 천년 고도古都 진주. 강물은 뒤버리 절벽 위로 올라앉은 진주성벽 아래를 보듬으며 장엄한 벼랑 위에 단정히 내려앉은 촉석루로 안겨들 듯 유유히 흐른다. 그러나 이토록 미려한 풍광은 그 속에 한 여인의 불 같은 의기 義氣를 품고 있어, 한 폭의 풍광이기 전에 한 줄기 치열한 역사로 먼저 읽힌다.

촉석루를 떠받치는 벼랑 바로 앞의 의암義巖이 바로 논개가 왜장을 유인, 남강에 투신하여 충절을 지킨 의로운 순절지다. 촉석문 앞에 서 있는 변영로 시비는 논개의 충절을 절절히 기리고 있다―"… 아리땁던 그 아미 높게 흔들리우며 / 석류 속 같은 그 입술 / 죽음을 입 맞추었네 / 아, 강낭콩꽃보다 더 푸른 그 물결 위에 / 양귀비꽃보다 더 붉은 그 마음 흘러라."

이곳 사람들은 매년 5월 넷째 주말에 의암별제를 서막으로 촉석루 아래 의암에서 논개 투신 장면도 재현하는 진주논개제를 바쳐오고 있다.

진주에는 '진주성과 논개'만 있는 게 아니다

"진주하면 논개, 논개하면 진주"를 떠올리는 여행자들의 고정관념에 진주토박이들의 푸념은 "이젠 논개 이야기 고만해라, 귀에 딱지 않겠다."

진주대첩의 영웅 김시민 장군과 그와 함께 한 당대의 민중들, 진주기생의 기개를 펼쳤던 아름다운 산홍이, 진주검무 그리고 촉석루에 풍악을 울렸던 교방문화 체험을 비롯한 진주에서 만나야 할 전통문화는 실제로 무궁무진하다. 그런 진주문화에도 애정을 가져달라는 하소연인 게다.

진주성 정문인 공북문에서 서문에 이르는 '진주의 인사동' 골동품거리. 작은 가게에 여기저기 골동품들을 올려놓은 모습들이 정겹다. 우리

진주성 건너편 남강 둔치엔 1만 2000개의 소망등이 붉은 성벽처럼 불이 밝힌 가운데 하늘엔 풍등風燈이 둥둥 날아오르고 남강에는 1만여 개의 유등이 축제객들의 소망을 담고 둥둥 흐른다.

가 버려두고 온 삶의 미학이 소록소록 솟아나는 근사한 산책로다.

진주성 촉석문 바로 앞의 장석 전문 박물관인 향토박물관도 빼놓지 말아야 할 볼거리. 이곳에는 조선시대 가구에 장식되었던 다양한 문양의 장석류 8만여 점이 전시되어 있다. 김창문 님이 평생 전국을 돌며 모은 진귀한 자료다. 진주 여정에서 빼놓을 수 없는 것 중 또 하나는 품위 있는 아름다움을 자랑하는 진주 실크 만져보기. 실크 제품 백화점 실키 안에 들면 꼭 사고 싶은 실크 넥타이와 스카프가 지갑을 열게 한다.

남강을 수놓는 황홀한 유등에 소망을 밝히다

유등 축제의 백미는 초혼점등식. 축제 첫날 사위가 완전히 어두워진 저녁 7시, 드디어 점등! 논개등이 남강 물 속에서 솟아오르면서 시작되는 진주남강 유등 축제. 진주성 건너편 남강 둔치엔 1만 2000개의 소망등이 붉은 성벽처럼 불이 밝힌 가운데 하늘엔 풍등風燈이 둥둥 날아오르고 남강에는 1만여 개의 유등이 축제객들의 소망을 담고 동동 흐른다—"아, 뉘 솜씨로 저리 황홀한 꽃강을 흐르게 하는가?" 원앙등, 탑등, 연꽃등, 주마등 같은 등들이 남강의 강심을 형형색색 색올림으로 수놓은 360여 개의 고정등들은 이 유등 축제의 최대 볼거리! '진주의 혼' '한국의 미' '세계의 등' 3개의 테마로 나누어 그 현란한 등빛을 자

188

랑하고 있다. 이 고정등 가운데 영남포정사등과 1200개의 형광등으로
만든 공북문등을 이어놓은 길이 120미터, 폭 8미터의 뜨는 다리로 출렁
거리며 건너는 재미도 황홀하다.

　우리나라 등뿐 아니라 세계 여러 나라의 기상천외한 등들도 함께 띄
워져 유등 축제를 한껏 빛내주고 있다. 각 등들의 크기는 10미터 내외.
특히 태국 왕실 수레등과, 인도의 가네쉬상등, 일본의 네부타등, 싱가
폴의 머라이언상등은 아주 이채로운 세계의 등문화를 환상적으로 보여
준다. 이렇게 남강 위에 둥둥 떠 있는 등들이 연출하는 진주의 밤 풍광
은 현란하기 그지없다. '강의 도시' 진주는 비로소 '빛의 도시' 진주로
거듭나 흐르면서 그 생명력을 더해 가는 밤이다.

　저 화사한 유등놀이 풍광 속에는 참으로 애절하고 뜻 깊은 내력이 있
다. 진주 남강 유등놀이의 유래는 우리 겨레 최대 수난기였던 임진왜란
때 진주성 싸움에서 희생된 7만여 명의 넋을 추모하는 뜻을 담고 있다.

새벼리 절벽을 돌아들어 굽이굽
이 짙푸른 남강을 따라 찾아드
천년 고도古都 진주. 강물은 뒤
벼리 절벽 위로 올라앉은 진주성
벽 아래를 보듬으며 장엄한 벼랑
위에 단정히 내려앉은 촉석루로
안겨들 듯 유유히 흐른다.

당시 진주성 안에 갇힌 민·관·군이 가족들에게 안부를 전하거나 군사작전을 펴기 위해 통신수단으로 사용한 풍등은 띄워 올리는 개수에 따라 그 뜻이 달랐다. 또 남강을 끼고 있는 진주성을 한밤중에 기습해 건너오는 왜군을 막기 위해 강물 위에 유등을 띄웠다.

전통한지공예등전시관에는 고려청자등를 비롯한 60여 점의 공예등이, 학생들이 한 해 동안 공들여 만든 갖가지 창작등이 조롱박 터널처럼 매달려 있는 창작등전시 터널. 가히 환상적인 수천의 등불 아래에 서면 누구나 황홀하다. 등카페에 올라 식사를 하면서 내려다보는 남강의 유등 풍경은 또 얼마나 근사한가.

새날이 밝도록 10월의 진주는 잠들지 못하는 불야성의 고도古都. 사람들은 "강낭콩꽃보다 더 푸른 그 물결" 위에 그 옛날 의로운 청사靑史를 해마다 수놓는다.

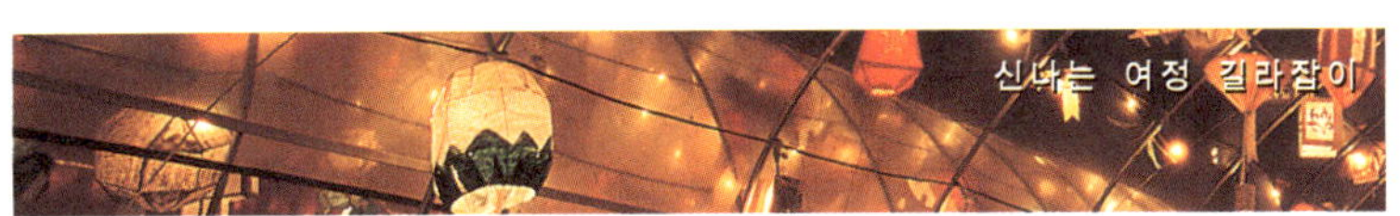

축제 시기 | 10월 초·중순 무렵

가는 길 | 남해고속도로⇨진주 나들목⇨진주성·진주남강

별미 기행 | 진주헛제사밥 방촌(055-743-3633)의 '진주헛제사밥' | 천황식당(055-741-2646)의 '진주비빔밥' | 수라(055-755-7008)의 '진주교방상차림' | 유정장어(055-746-9235)의 '장어구이'

행복한 쉼터 | 동방호텔(055-743-0131) | 성수장(055-742-9255) | 동보모텔(055-745-4401) | 꿈의 궁전모텔(055-745-8677) | 호수속의 동화풍경 펜션(055-759-6454)

강추! 진주 1박2일 여정 : 서울출발⇨(식사: 진주비빔밥)⇨진주성⇨인사동골동품거리⇨향토박물관⇨진주특산품 전시장⇨남강의 야경(유등축제)⇨숙박:남강주변)⇨진주민속예술보존회(055-746-6282)의 '교방문화체험' / 진주향토음식연구원(055-756-1800)의 '교방음식체험' (체험비-1만원)⇨(식사 : 진주헛제사밥)⇨경상남도 수목원⇨귀로

여행 정보 안내 | 진주시 문화관광과(055-749-2055)www.jinju.go.kr
　　　　　　　　　진주남강유등축제운영위원회(055-749-2051)www.lanternfestival.org

예향의 고도에서
감동의 소리를 즐기다

소리는 세상의 단절을 이어주고 닫힌 마음들을 소통시키는 귀한 수
단이다. 그래서 판소리의 예향 전주에서 '소리, 경계를 넘다'라는 테마
로 열리는 축제는 더욱 눈길을 끄는 여정이다. 이레 동안의 소리여행을
여는 첫 무대는 '소리 환타지—열려라 천년의 소리'다.

전주 세계소리 축제마당에서 울려 퍼지는 한국의 전통소리. 그 한가
운데에는 우리의 판소리가 있다. 그래서 '판소리의 확대와 소통'은 판
소리의 새로운 가능성을 실험하는 장이 된다. 판소리의 원형을 명창들
의 소리로 직접 들을 수 있는 '판소리 명창명가'와 '완창판소리 다섯
마당'은 아주 귀한 프로그램이다. "얼씨구, 조오타!" "그렇지, 그렇고
말고!" 명창의 판소리에 몰입한 축제객들은 어느새 추임새꾼이 되어
간다.

전주와 고창의 판소리박물관, 그 곁의 신재효 생가 그리고 남원을 잇
는 소리여행 버스에 올라보는 것도 좋은 판소리 여정이 될 터이다.

특히 내 귀가 열리는 곳은 판소리의 유네스코 세계문화유산 지정을
기념하여 마련한 프로그램들이다. '미지의 소리를 찾아서—세계 무형
문화유산들과의 만남'이 그런 판 가운데 하나다. 판소리와 함께 최근에
세계문화유산에 오른 필리핀, 인도, 통가, 터키, 베트남 등의 전통음악
을 한자리에서 즐길 수 있는 자리로, 발품을 팔지 않고도 한 자리에서
세계여행을 하는 셈이다.

몸은 어느새 가락을 타고 경계를 넘나들다

전주 세계소리 축제에 가면 공짜가 널려 있다. 부담 없이 즐길 수 있
는 신명난 놀이터다. 특히 한국소리문화전당의 야외 공간인 놀이마당
은 단 하루도 빠지지 않고 '무료 이벤트 릴레이'를 이어가는 공짜 마니
아들의 명소. 나는 이 야외 공연장에서 '유네스코 세계무형유산특집'
과 전국창작타악 한마당, 프린지 페스티벌, 창작 판소리 큰잔치 등을
가을햇살 실컷 쪼여가며 허리 아프게 즐기고 있다. 소리전당 도처에서
펼쳐지는 어린이 소리 축제 '소리야~ 노~올자!'도 오래 전에 잃어버
린 동심을 되찾아주는 공짜 소리판이다. 낯선 곳에서 가식과 체면을
벗어버린 일탈이 안겨주는 이 새털 같은 자유를 또 어디 가서 찾을 것
인가.

곤충소리 특별전 '열려라, 곤충세상!'에선 자연의 건강한 소리를 듣
고, 보고, 만져볼 수도 있어 상상력 많은 아이들이 아주 좋아하는 공간.

한국소리문화전당의 야외 공간
인 놀이마당은 단 하루도 빠지지
않고 '무료 이벤트 릴레이'를 이
어가는 공짜 마니아들의 명소.

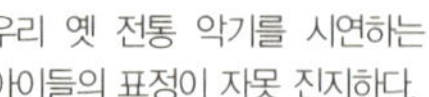

문득 김용택의 시 「가을」이 떠오른다―"해 지는 풀섶에서 우는 / 풀벌
레들 울음소리 따라 / 길이 살아나고 / 먼 들 끝에서 살아나는 / 불빛을
찾았습니다…."

　메밀묵 장수의 호객 소리, 엿장수 아저씨의 가위 치는 구성진 목소리
는 어른들에겐 향수를, 아이들에겐 호기심을 불러일으키는 소리마당.
풍금, 다듬이, 풍경, 두부장수 종, 소방울, 옛날 전화기 등이 예전의 초
등학교와 시골집 앞마당으로 데려다 준다.

　이렇게 알짜배기 공짜 소리공연들을 즐기느라 허기가 지면, 전주 십미
十味로 비빈 전주비빔밥을 먹으러 간다. 입안에서 솔솔 녹는 황홀한 맛의
오감! 따끈하게 데운 모주 한 잔을 곁들이면 금상첨화다. 내한 공연중이
던 마이클 잭슨이 그릇을 쌓아놓고 먹었다는 한국 식단의 그 명품이다.

사랑하는 소리를 만난 기쁨으로 소리 지르다

　세계로 열린 소리 여정은 전통음악으로만 이어지는 것은 아니다. 세계
적으로 널리 명성이 자자한 러시아 레드스타 '레드아미 코러스 & 댄스
앙상블'의 러시아 민요와 춤―민중들의 고뇌와 넘쳐나는 역동성의 절제
미가 완벽한 소리여행이다. 포르투갈 파두 가수 베빈다의 고독하고 쓸

쓸하게 채색된 서정적 선율은 우리의 가을 정취를 더욱 애상적으로 적
시고…. 아쉽게도 독일의 '재즈 앙상블 살타 첼로 '는 놓치고 말았다.

　이 소리 축제의 또 다른 마력은 평소 골라 듣고 싶은 소리 예술들을
많이 접할 수 있다는 것. '크로스 오버'의 무대는 내겐 그만이다. 국내
실내악단 슬기둥, 국악 밴드 푸리와 이상은, 양방언이 창조해내는 크로
스오버의 선율들. 내 영혼의 참을 수 없는 감성은 지금 소리 지르고 싶
어 한다. 몸은 어느새 리듬을 타고 있고….

　모악당에서 피날레를 장식한 폐막 공연 테마는 '소동? 소통!'. 이레
동안의 소리 축제는 우리 소리가 경계를 넘어서는 '소동'이었는지도
모른다. 그러나 이 폐막 공연의 연출가 정진권 씨 말처럼 "다름을 인정
하면 소통할 수 있을" 것이다. 유네스코 특집 공연을 위해 초청된 5개
외국 팀과 재즈 뮤지션, 실내악과 타악(한벽), 전자바이올린(유진박), 클
래식 등의 각 팀 대표들이 서로의 색채로 하나의 멜로디를 연주해낸다.
이어지는 거대한 타악음과 소음들로 일어나는 작은 소동. 전 출연진이
연주하는 우리 가락 '아리랑'을 시작으로 축제객석을 넘나들며 마음속
에 쌓인 한을 신명나는 흥으로 풀어놓는 대동 한마당. 그리고 '재회'….

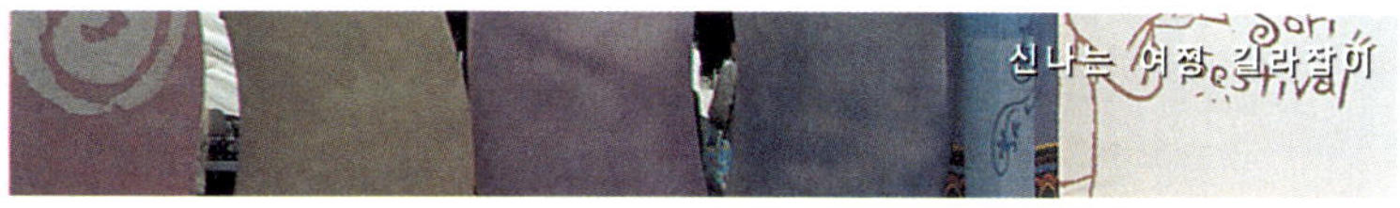

축제 시기 | 10월 중순 무렵

가는 길 | 호남고속도로⇨전주 나들목⇨전주시내 한국소리문화의전당

별미 기행 | 한국관(063-272-9229)·고궁(063-251-3211)의 '전주비빔밥' | 한일관(063-284-3349)·
삼백집(063-284-2227)의 '콩나물국밥' | 전라회관(063-228-3033)·백번집(063-286-0100)의 '한정식'

행복한 쉼터 | 전주한옥생활체험관(063-287-6300) | 코아리베라호텔(063-232-7000) |
피아노(063-242-7333) | 오페라(063-243-9294)

주변 명소 | 전주박물관 | 경기전 | 한옥마을 | 종이박물관 | 전통술박물관

여행 정보 안내 | 전주시청 문화관광과(063-281-2553) www.jeonju.go.kr
　　　　　　　　　전주세계소리축제위원회(063-280-3326) www.sorifestival.com

아득히 하늘과 땅이 맞닿아 그려낸 나라 안 유일의 지평선을
가장 너른 곡창지대를 이루고 있다.

하늘과 땅이 맞닿은
지평선을 누비며 놀다

　좁은 땅에 유난히 산과 구릉이 많은 한반도. 거기에 남북과 동서의 갈
림에서 오는 시대의 벽은 그 막힘의 답답함을 더한다. 이럴 때 찾아든
전북 '징게맹게 외배미'. 징게는 김제요, 맹게는 만경 그리고 외배미는
이 배미 저 배미 할 것 없이 모두 한 배미로 툭 트인 땅이라는 것. 흔히
김제평야와 만경평야라고도 부른다.

　이정표는 벽골제로 가는 길을 가리킨다. 부량면 원평천 하류에는 백
제사람들이 쌓았다는 저수지 벽골제가 있다. 백제시대의 땅이름은 벽

골로 '벼의 고을'이란 뜻을 지닌 '볏골'을 한자로 적은 것이다. 벽골제도 수문 기둥은 나라 안에서 가장 오래되고 규모가 큰 저수지 유적이다. 일찍이 삼한시대부터 쌀농사를 지어온 김제땅, 벽골제 제방 아래 수리민속유물전시관과 산책로에서는 수리농업사회를 일구어 온 조상들의 슬기로운 풍속사를 읽어낼 수 있다.

농심農心과 도심都心이 어우러진 가을잔치 한마당

벽골제에서 연날리기 대회가 한창인 서편으로 길을 나서보면 드디어 나타나기 시작하는 지평선. 이 평야에 서면 눈길 가는 곳 그 어디고 누렇게 잘 익은 벼이삭이 온통 황금물결로 끝없이 일렁인다. 아득히 하늘과 땅이 맞닿아 그려낸 나라 안 유일의 지평선은 가장 너른 곡창지대를 이루고 있다. 하지만 쌀이 제값을 받지 못하는 날이면, 이 너른 들판도 허울 좋은 '풍년'에 수심의 그늘만 짙어가는 곡창이 될 터. 그래서 마련된 지평선축제는 너른 들판을 즐기며 농심도 돕는 뿌듯한 가을잔치다.

지평선 축제에 오면 즐길 거리가 널려 있다. 특히 다양한 가족문화 체험마당 연출로 아이들에게 유익하고 신명난 체험의 수확을 듬뿍 안겨준다. 벽골제사, 입석줄다리기, 허수아비 만들기, 짚을 이용한 행위예

지평선 축제에 오면 즐길 거리가 널려 있다. 특히 다양한 가족문화 체험마당 연출로 아이들에게 유익하고 신명난 체험의 수확을 듬뿍 안겨준다.

벽골제와 수리박물관 앞 축제마
당에서 무자위와 용두레, 맞두레
체험도 해본다.

술, 외국인 쌀음식솜씨 경연대회, 지평선 연날리기 등등. 어른들도 가
을 들녘의 넉넉함과 농촌의 정취를 마음껏 누려볼 수 있다.

때만 잘 맞추면 쌀음식 만들기와 세계 쌀음식 품평회에서 온갖 별미
를 맛보는 행운을 누릴 수도 있다. 벽골제와 수리박물관 앞 축제마당에
서 무자위와 용두레, 맞두레 체험도 해본다. 새끼 꼬기와 가마니 짜기
그리고 농자천하지대본農者天下之大本과 신토불이身土不二 체험도 더 없
이 좋은 놀이이자 공부다.

아, 이제부터는 황금들녘으로 나가 볼까? 이 축제의 캐릭터 쌀눈이와
나서는 논둑길에선 새떼를 쫓는 허수아비와 "딱! 딱!"이는 딱총소리가
누룻누룻 익어가는 벼이삭을 돌보는 중. 여기저기 튀어 다니는 게 무얼
까? "야아, 벼메뚜기다! 벼메뚜기." "잡았다! 메뚜기다!" "야아~ 나두 잡
았다!" "몇 마리?" 농약 때문에 메뚜기 구경한 지가 오래된 어른들은 물
론, 말로만 듣던 메뚜기를 처음 본 도시의 아이들은 신이 나서 난리다.

황금들녘 우마차여행은 아이들이 가장 좋아하는 이벤트다. "덜커덩"
소리를 내며 흔들흔들 산들바람에 벼이삭이 일렁이는 황금벌판을 가르
는 우마차. 놀이공원에서도 타볼 수 없는 재미다. 우마차를 끄는 농부
의 얼리는 말에 아이들을 더욱 신바람이 나는가보다. "아그들아, 조으
냐아?" "예! 재밌어요!" "월만큼이나?" "저어~ 지평선만큼요!"

황홀한 오르가즘을 선사하는 황금빛 지평선 질주

들이 얼마나 넓으면 땅이름조차 광활면廣活面일까? 이곳에서 심포리까지 거칠 것 없이 쭉 뻗은 들판길을 질주한다. 가도 가도 황금들판이다. 순간, 순간 황금빛 오르가즘에 오르는 지평선 드라이브! 이렇게 달려 끝 간 곳에는 바다가 기다리고 있다. 바로 진봉반도 끝점이다.

진봉반도 끝까지 한달음에 달려가서 뒤쪽을 보라. 눈길 닿는 그 너머까지 산의 흔적은 볼 수 없는 광막한 대지다. 드문드문 마을만이 몇 점으로 찍혀 있을 뿐이다. 이곳이 아니면 볼 수 없는 풍광이다.

이쯤에서도 성이 안 찬다면 서해안고속도로 부안 나들목부터 서김제 나들목까지 20킬로미터 구간에 올라 제한속도까지 김제 황금들판을 달리면 그 쾌감은 하늘과 땅이 맞닿은 곳으로 비상하는 듯한 착시가 일어날 정도다.

돌아오는 길에 김제평야 '지평선쌀' 몇 자루를 실어 놓는다. 행여 "대풍이면 뭐해? 마음은 흉년인디…" 하면서 낮술에 수심 깊어가고 있을지도 모를 농심을 위하여. 햇빛과 비를 내려주는 하늘과 모든 생명의 자궁으로 수고하는 땅의 위대함을 일구어낸 결실을 달게 먹을 터이다. 가없는 광야는 시나브로 지는 해넘이에 금빛으로 일렁이고 있다.

축제 시기 | 9월 하순~10월 초순 무렵

가는 길 | 호남고속도로⇨서전주 나들목⇨김제 벽골제(지평선 드라이브: 29번 국도 벽골제⇨ 죽산⇨광활면⇨심포항 / 서해안고속도로 부안 나들목⇨서김제 나들목까지(20킬로미터 구간은 시속 110킬로로 황금들판 드라이브)

별미 기행 | 시골장터의 쌀 음식들 | 연서활어횟집(063-543-1900)의 백합죽과 우럭회

행복한 쉼터 | 현대파크장(063-542-8168) | 모텔 심포장(063-545-1662)

주변 명소 | 금산사 | 귀신사 | 강증산 유적지

여행 정보 안내 | 김제시청 문화공보실(063-540-3324) www..egimje.net

넉넉한 인심에
가슴 따듯한 만추를 보내다

가을에서 겨울로 드는 계절의 길목은 곧 닥쳐올 겨우살이 준비로 마음 먼저 바쁘다. 이럴 때 겨우살이 실속도 겸할 수 있는 강경젓갈축제로 떠나는 여정은 행복하다.

천혜의 내륙항으로 일찍이 수운이 발달했던 강경포구. 서해로부터 각종 해산물이 들어오는 곳—그 무렵 팔고 남은 수산물을 오래 보관하기 위하여 염장법과 수산가공법이 발달하였다. 지금이야 금강 하구둑으로

물길이 막힌 지 오래되었지만, 강경 사람들은 50년 이상의 젓갈 담그기 비법을 그대로 이어 전국 제일의 젓갈시장 명성을 지켜내고 있다.

한국 젓갈의 원조 강경 맛깔젓

'한국 젓갈의 고향' 강경읍 태평동 일대에는 무려 30여 곳의 대형 '젓갈백화점'이 들어서서 달짝지근한 젓갈내를 솔솔 풍기고 있다. 새우젓은 물론 황석어젓, 갈치젓, 멸치젓 등이 대형 통마다 그득히 쌓여 있는 풍광은 전국 제일의 젓갈시장답게 성시를 이루고 있다. 이 젓갈가게들은 모두 50평 이상의 토굴형 대형 저장고까지 갖추고 있는데 일년 내내 섭씨 10~15도를 유지하고 있다. 이곳에서 영양분이 잘 보존된 상태로 1~2년 동안 적절히 발효된 강경 맛깔젓은 그 감칠맛이 너무 좋아 인기가 높다. "새우젓은 먹어보아 쫄깃한 맛이 나는 걸 고르구유, 전체적으로 색깔이 맑고 하얀빛을 띠구유, 새우 꼬리 부분이 붉은 것을 골라야 해유." 좋은 새우젓 고르는 노하우도 귀동냥할 수 있다.

강경 젓갈 축제마당은 강경포구였던 금강유원지다. 축제객들이 몸소 참여하고 즐길 수 있는 체험 이벤트도 많다. 새우젓 높이 쌓기, 젓갈통 지고 달리기, 젓갈함지박 이고 달리기에 참여한 이곳 사람들은 강경포구의 향수에 젖어가며 신명을 낸다.

미래의 세계 식탁을 풍미할 제3의 맛으로 떠오르는 발효식품들. 그 가운데서도 빼놓을 수 없는 김치는 외국인들에게도 인기가 높은 우리의 발효식품. 이 김치의 깊은 맛을 돋우는 음식이 바로 젓갈이 아니던가.

젓갈 김치 담아가기 축제

마당은 축제객들이 까나리액젓·황석어젓·멸치액젓·가자미액젓 등
다양한 젓갈을 이용하여 직접 김치를 담그는 체험을 하고 포장해 갈 수
있는 곳. 김치 맛을 좌우하는 젓갈의 효능이 확실히 부각된다. 특히 이
체험마당 가운데 팔도관광객 새우젓 김치 담아가기와 엄마와 딸 황석
어 김치 담아가기는 실속 체험으로 한참을 대기해야 할 정도로 그 인기
가 높다. 까나리액젓 김치 담아가기 체험장에서 팔 걷어붙이고 한창 젓
갈양념으로 배추 속을 채워 넣던 200여 명의 외국인들—"코리아 김치

팔도관광객 새우젓 김치 담아가
기와 엄마와 딸 황석어 김치 담
아가기는 실속 체험으로 한참을
대기해야 할 정도로 그 인기가
높다.

넘버원!” “오우, 한국 김치 매워요! 호호호, 그래도 맛있어 죽갓어요!” “저, 김치 잘 담그지요!”

이렇게 축제를 즐기다 시장하면 초막을 찾아들자. 선비 복장을 하고 '황산골 선비밥상' 을 받아보는 것도 그럴 듯하다. 다양한 젓갈을 맛 볼 수 있다. 특히 작년에 이 축제마당에서 먹어본 젓갈주먹밥은 해가 바뀌도록 그 맛을 잊을 수 없어 다시 찾는다. 돼지고기 수육과 젓갈, 막걸리까지 덤으로 대접하는 젓갈주먹밥은 참, 꿀맛이다.

덤 인심이 후하여 더욱 넉넉한 강경 젓갈 축제

젓갈 축제의 가장 큰 매력은 갖가지 젓갈을 맛보고, 저렴하게 구입할 수 있다는 것. 축제마당 한 편에 길게 장을 선 젓갈판매장에서 후한 덤 인심을 즐긴다.

“자아, 언니 · 오빠님들 추젓 맛보세유. 작년 묵은 젓, 맛 한번 보세유, 끝내 줄기유.”

“1년 이상을 토굴 속에서 삭힌 젓이지유. 젓갈국물 자체가 텁텁한 것이 젓맛나유”

강경젓갈 맛은 역시 명성 그대로다.

"참말로 맛있지유. 이 젓갈로 올 김장하시면 겨울 반찬 걱정은 끝일
게유."

"참 맛있네요, 진한 감칠맛이, … 싸주셔."

"자아 그럼 담아유. 이게 주문하신 정량이지유."

"… ??"

"가만 있어봐유, 오셨다구 한 번 더 드리구유, 아버님 진지상에 올려
드리라구 한 번 더 드리구유, 단골 삼자구 한 번 더 드리구유, 다음에
또 오시라구 한 번 더 드려유."

"… !!"

"마지막으로 안녕히 가시라구 한 번 더 드릴게유."

이렇게 젓갈에 흠씬 절인 하루를 뒤로 하고, 축제마당 인근에 있는 옥
녀봉(옥황상제와 공주의 전설이 서린 곳)으로 오르는 들목. 강경포구의 깊어

가는 가을 정취를 형상화한 이곳 향토시인들의 시화들이 반갑게 읽힌다. 넉넉한 품을 추켜든 느티나무 그늘에서 조망되는 사방. 저 아래로 시원스럽게 펼쳐진 강경포구. 한창 성어기에는 하루에 100여 척의 황포돛배가 오르내렸다고 한다.

축제 기간엔 황포돛대 재현을 비롯하여 강경포구 뗏목, 강경포구 주막집이 운영되어 강경의 옛 모습을 떠오르게 한다. 향토시인 김원태가 노래한 그대로다.

강경 사람들은 옛날을
그 옛날을 먹고산다
…
젓갈시장은 짜릿한 내음을
멀리까지 풍기고
아직도 삼대 시장의 명맥으로
살아가는 강경 사람들
그 눈빛은 그리움이다.

축제 시기 | 10월 중순 무렵

가는 길 | 호남고속도로⇨연무 나들목⇨지방도로 68호⇨강경
(강경젓갈 관광열차 운행: 오전 9시50분 서울 영등포역 출발)

별미 기행 | 황산옥(041-745-1836)의 '황복탕' | 천호산가든(041-734-2526)의 '오골계 백숙'

행복한 쉼터 | 레이크힐호텔(041-742-7744) | 잉스힐펜션(041-733-2639) | 강변모텔(041-745-6605)

주변 명소 | 대둔산 | 탑정호 | 관촉사 | 쌍계사 | 윤증 고택

여행 정보 안내 | 논산시청 문화공보실(041-730-3349) www.nonsan.go.kr
강경젓갈축제추진위원회(041-730-3349) www.ggfestival.net

우리 땅 최고의 맛,
남도 산해진미를 즐기다

화학조미료 범벅에 자극적인 양념으로 '맛'을 위장한 도시의 식당에
길들여진 우리의 불쌍한 입맛에서 벗어나, 오곡 풍성하게 익어가는 이
가을에 한 번쯤은 호사스런 입맛을 누릴 남도땅 낙안읍성으로 떠나는
것은 어떨까. 음식에 일가견을 지닌 어머니까지 모신 남도 맛 기행은
떠나기 전부터 군침이 돈다.

사람 사는 향기가 푸근한 낙안읍성마을

조선 인조 때 임경업 장군이 낙안군수로 있으면서 석성으로 증수하여 오늘에 이르렀다는 낙안읍성마을. 동문(낙풍루) 앞에 나와 반기는 돌개 두 마리. 풍우에 시달리면서도 잡신의 범접을 막아온 영물을 대하며 우리는 어느 사이 중세의 성읍 안으로 드는 시간여행 속 맛 기행에 발을 들여놓고 있다.

낙안읍성 마을 안을 따라드는 길은 조붓한 돌담들이 이어진 고샅길. 사람 사는 정이 물씬 도탑다. 돌담 너머로 봉긋 솟아오른 노란 초가지붕 아래 툇마루와 토방, 섬돌 위의 장독 모습은 한없이 푸근해 보인다. 전시용 민속마을이 아니라, 실제로 오래 전부터 이곳 사람들이 살아오고 있는 전통마을이다. 이곳은 드라마나 영화·CF의 단골 촬영지로, 특히 「대장금」이 촬영되었던 집에 오래 눈길이 머문다.

돌담 골목길 곳곳에 자리한 대장간이나 짚풀공예장, 쪽물들이기, 천연염색 체험장도 발길을 붙잡는다. 마을 한가운데 있는 뜸샘에서 조롱박으로 목을 축이다보면 그 옛날 성안마을 아낙들이 아름답게 꽃 피웠을 수다들이 들려오는 듯하다. 낙민루 앞에서의 포졸 및 수문장 교대식 등을 한눈에 볼 수 있는 조선시대 장터 장날 재현도 재미난 볼거리다.

남도음식문화 큰잔치의 테마는 '하늘·땅·물·불·바람의 향연'. 성안은 지금 대한민국의 맛을 대표하는 남도의 산해진미로 또 하나의 맛있는 성을 쌓아놓고 있다.

성안마을을 넉넉히 감싸 안은 높이 4미터, 1400여 미터의 장방형 성곽길은 산책하기에 그만이다. 이 길로 성채를 한 바퀴 돌다보면 어느새 조선시대로 거슬러 올라 시간여행을 즐기는 착각이 든다. 100여 세대 300여 주민이 오순도순 살아오고 있는 성안마을의 민가들. 초가지붕의 포근한 곡선미는 아늑한 평안을 준다.

낙안읍성 안에 즐비한 향토음식점거리는 옛날 주막거리처럼 정겹다. 제석산 더덕, 남내 미나리, 금전산 석이, 서내 청포묵, 동천 천어, 오봉산 도라지, 섬북 무 등이 상다리 휘어지도록 차려지는 낙안팔미樂安八味는 낙안읍성 음식잔치 중 빼놓을 수 없는 진미다. "여행의 즐거움 가운데 맛있는 음식이 절반"이라는 말대로라면 이미 절반은 성공한 여행인 셈이다.

눈으로 먼저 드는 맛의 유혹, 남도 맛 자랑

남도음식문화 큰잔치의 테마는 '하늘·땅·물·불·바람의 향연'. 성안은 지금 대한민국의 맛을 대표하는 남도의 산해진미로 또 하나의 맛있는 성을 쌓아놓고 있다. 메인 전시는 남도 명가음식으로 알려진 22가

낙민루 앞에서의 포졸 및 수문장 교대식 등을 한눈에 볼 수 있는 조선시대 장터 장날 재현도 재미난 볼거리다.

지 최고의 맛으로 차려놓은 남도 브랜드 음식전. 명실공히 남도가 자랑하는 별미는 모두 차려져, 초입부터 입안에 연신 고여대는 침 넘기기에 바쁘다. 다행히 이곳에선 남도 아낙들의 손맛을 직접 즐겨볼 수 있다.

맛고을 남도땅 22개 지역에서 내로라하는 향토음식점 단 한 곳씩에서 최고의 별미만을 내놓고 있으니…. 혀끝을 톡 쏘는 알싸한 맛이 일품인 흑산도 홍어, 홍길동도 먹고 놀랐다는 장성 떡갈비, 영암 영산강에서 잡힌 숭어의 어란, 무안의 돼지짚불구이, 담백한 맛이 일품인 담양 소쇄원의 죽순탕, 그리고 차마 입으로 먹기 아까워 눈으로만 감상해야 할 판인 추월산의 26가지 다식…. 잘 차려진 음식상을 따라 원하는 맛을 보며 관람하는 즐거움은 여간 각별하지 않다.

삼신상·돌상·혼례상·폐백상·회갑상·제상으로 차려놓은 남도 전통의례상차림 특별전은 이 땅에서 태어나 죽을 때까지 지나야 하는 통과의례의 참뜻과 상징을 담은 음식상들을 오롯이 보여준다. 남도음식만들기 체험장에 들린 축제객들에겐 또 다른 즐거움이 기다리고 있

삼신상·돌상·혼례상·폐백상·회갑상·제상으로 차려놓은 남도전통의례상차림 특별전은 이 땅에서 태어나 죽을 때까지 지나야 하는 통과의례의 참뜻과 상징을 담은 음식상들을 오롯이 보여준다.

다. 떡메를 내려치며 끙끙거리는 백인 연인, 중년 부부들의 정이 찰떡
쿵 찰떡쿵 무르익는다. 송편이나 색깔 넣은 부꾸미를 예쁘게 꾸미고 있
는 백여 명의 일본인 관광객, 다식가루를 반죽하여 다식틀에 넣어 눌러
보는 아이들과 젊은 연인들의 얼굴엔 행복의 깨소금이 묻어난다.

이처럼 특별한 남도 맛의 뿌리는 어디일까? 비옥한 호남평야와 서남
해 청정해역의 갯벌, 온갖 산채가 무궁무진한 남도의 아늑한 산자락,
그리고 여기에 남도 아낙들의 맛깔스런 손맛이 더해져 '맛의 본향'을
이루었을 터이다. 누구든 이곳에 오면 눈 풍년, 입 풍년, 귀 풍년이 들
어 떠난다.

축제 시기 | 10월 중·하순 무렵

가는 길 | 남해고속국도 서순천 나들목⇨17번 국도⇨순천시내⇨낙안읍성

별미 기행 | 낙안읍성내 민속잔치집(061-754-6589) | 향토음식점(061-754-6912) |
낙향정(061-754-3021)

행복한 쉼터 | 낙안읍성내 초가민박집(061-754-2515) | 시티관광호텔(061-753-4000)

주변 명소 | 선암사 | 송광사 | 벌교의 『태백산맥』 문학기행지 | 순천만 대대포

여행 정보 안내 | 순천시청 문화관광과(061-749-3328) www.suncheon.go.kr
www.namdofood.or.kr

거꾸로 강을 거슬러 오르는
저 연어들처럼 살리라

가을엔 만물이 익어간다. 그런 때에 여행을 떠나면 우리의 내면까지 성숙해지지 않을까. 설악산의 오색단풍이 떠내려오는 강원도 양양 남대천. 늦가을, 이곳에서는 연어들의 눈부신 생명력과 경이로운 자연의 섭리가 펼쳐진다.

4만 리 바다를 돌아온 연어떼를 맞이하는 남대천

강산애의 록 「거꾸로 강을 거슬러 오르는 저 힘찬 연어들처럼~」을 들으며, 나도 양양을 향해 거슬러 오른다. 쪽빛 가을 하늘과 동해가 경계선인 수평선마저 지워 버린 듯한 동해안 7번 국도를 따라 거슬러 오르는 내내 들뜬 아내는 안도현 시인의 어른을 위한 동화 『연어』에 빠져 있다.

큼지막한 파도가 흰 갈기를 일으키며 밀려와서 처연히 부서지길 거듭하는 동해와 마주 선다. 순간, 떠나온 자만이 온 몸으로 느낄 수 있는 이 전율은 철 지나 쓸쓸한 바다 때문이런가. 남대천 하구와 맞닿은 저 앞바다에는 지금 자그만치 4만 리 대장정을 끝내며 돌아온 20만여 마리의 연어떼들이 '어미의 강'으로의 마지막 여정을 위해 호흡을 가다듬고 있다.

4~5년 전 이곳 남대천에서 부화한 치어들이 멀리 알래스카-베링 해협까지 이동하여 성어가 다 되어서 사할린⇨소야해협⇨동해연안⇨남대천으로 귀향하고 있는 중이다, 그것도 무려 3천여 개 이상의 알을 밴 만삭의 몸으로. 연어는 이렇게 종족 번식과 본향으로의 회귀 본능으로 수만 리를 헤엄쳐 돌아오는 신비로운 습성을 지니고 있는데, 어류 전문가들도 아직 그 수수께끼를 풀어내지 못하고 있다.

포구에서 그물을 손질하고 있던 늙은 어부가 일러준다. "지금 저 대진이나 대포항 앞바다에 돌아온 연어떼들은 요란할 것이래요. 이제부터는 은백색 비늘에서 홍색 구름모양의 반점으로 시커멓게 얼룩지는 혼인색으로 변해가며 짝을 찾는 구혼의 몸짓이 한창일 테니. … 예전에 우리 어르신네들은 푸른 등, 흰 배, 검은 지느러미, 붉은 살, 노란빛의 알을 지닌 연어를 오방지색을 갖춘 영물로 여겼지래요."

'물 반 연어 반' 남대천에서 연어와 함께 뒹구는 환희

연어생태의 메시지를 테마화한 연어축제의 주무대는 양양시내 남대천변 둔치. 새 생명을 또 잉태하는 그 막 열림은 험난한 물길에서 생명을 잃어 회귀하지 못하고 떠도는 원혼을 달래는 용왕제부터 올려진다. 굿풀이는 참말로 구성지다― "남대천 흐르는 용신님이시여! / 오늘부터 연어축제라 하는데 / 험난한 북태평양 사만 리 물길에서 / 제 명에 못 살고 죽은 연어들 / 부디 저승길에서나마 편케 하옵소서…."

남대천변 임시 축양장에서 2천여 마리의 연어들이 자맥질하는 장관을 구경하는 축제객들이 연신 탄성을 발하는 가운데 본격적으로 펼쳐지는 연어 축제는 맨손 연어 체험⇨연어 훌치기 낚시⇨연어와 달리기⇨연어 사생대회⇨O×연어 퀴즈 대회⇨연어 탁본 뜨기⇨연어 생태 견학⇨연어특선요리 시식⇨연어판매장 등으로 이어진다.

특히 연어가 '물 반 연어 반'으로 퍼덕이는 맨손 연어체험장. 처녀 허벅지만한 크기의 연어를 맨손으로 잡아보는 체험은 축제의 백미! 단풍

남대천변 임시 축양장에서 2천여 마리의 연어들이 자맥질하는 장관을 구경하는 축제객들이 연신 탄성을 발하는 가운데 본격적으로 펼쳐지는 연어 축제

으로 곱게 물든 남설악을 등에 지고 생명의 강 남대천에 자녀들과 함께 뛰어드는 가족들, 그리고 젊은 연인들과 외국인들. 옷이 흠뻑 젖어서도 먼바다를 무사히 돌아온 연어들을 안아보는 감동에 찬 환호성으로 남대천은 지금 뜨겁다. 한 마리씩 나눠받은 자기 연어에 꼬리표를 부착시킨 후, 신호와 동시에 트랙을 출발, 결승점에 선착한 우승자를 뽑는 연어와 함께 달리기도 신바람난다.

연어 요리는 또 다른 별미다. 연어 치즈구이와 훈제, 연어스테이크, 연어가스 등은 그 담백한 맛이 일품이다.

이윽고 연어연구센터에 들러 연어 표본과 새끼 연어의 성장 과정, 연어 회귀도 등을 통해 신비로운 연어 일생을 듣고 나서, 이웃한 연어 포획장을 찾는다. 두 겹씩 쳐 놓은 그물길 따라 거슬러 오른 연어떼들은 '연어산파'들 몫. 거슬러 올라야 할 길이 아직 많이 남은 듯 솟구쳐 오르는 연어떼들을 위로하는 나의 원초적 연민…. 아아, 그러나 선별된 암수 연어들은 즉석에서 기절당한 후, 암컷들은 채란 그릇에 붉은 알 무더기를 쏟아내고 만다. 그 위에 수컷의 우윳빛 정액을 '찍찍' 짜 뿌리는 방법으로 인공수정되는 연어는 하루에 3천여 마리. '연어산파'들은 쉴 틈 없이 즐거운 비명. 저 존엄한 노동의 보람은 햇봄이 오면 갈매산녘에 지천으로 핀 연분홍 진달래 꽃빛을 받고, 어미의 강을 떠나 다시 큰 바다를 향해 대장정을 시작할 터. 그 떠남은 다시 돌아옴을 약속할 것이다.

남설악의 아름다운 늦가을이 저물 녘, 여정 끝에서 돌아가야 할 시간. 이 영험한 생명잔치에서 희망과 사랑을 안고 다시 살아야 할 이유를 자각한 이들은 노래 부른다.

지친 어깨 떨구고 한숨짓는 그대 두려워 말아요~

거꾸로 강을 거슬러 오르는 저 힘찬 연어들처럼

… 돌아서 갈 수밖에 없는 꼬부라진 길일지라도~

딱딱해지는 발바닥 걸어 걸어 가다 보면~

저 넓은 꽃밭에 누워서 나 쉴 수 있겠지~.

축제 시기 | 10월 하순 무렵

가는 길 | 영동고속도로⇨현남 나들목⇨양양군 남대천 둔치

별미 기행 | 연어요리전문점(033-671-6539)의 '연어스테이크' | 단양면옥(033-671-2227)의 '막국수'

행복한 쉼터 | 낙산비치호텔(033-672-4000) | 오색그린야드 가족호텔(033-672-8500)

주변 명소 | 하조대 | 낙산사 | 미천골자연휴양림 | 「가을동화」 촬영지 상운폐교 | 송천리 떡마을

여행 정보 안내 | 양양군청 문화관광과(033-670-2724) www.yangyang-gun.gangwon.kr

집 앞의 한마당에서
세상을 풍자하고 놀다

1급 청정지역 전원도시 과천은 가장 살고 싶은 도시로 손꼽힌다. 하늘도 새파랗게 열려오기 시작하는 초가을, 이곳에서는 아주 잘 익은 지구촌 마당극 30여 편이 관객을 기다리고 있다.

이 무렵 과천에선 어느 집이고 간에 문을 나서면 집 앞의 한마당들이 바로 무대로 펼쳐진다. 삶과 놀이가 하나로 어우러져 '집 앞 축제'가 연출되고 있는 것이다. 축제마당마다 신명난 풍류를 기대하는 얼굴들로 활기가 넘실거린다. 포스터 속에서 금세라도 불쑥 튀어나올 듯한 얼굴

붉은 '취발이'와 솟대 그리고 축제에 참여한 이들의 소망이 적힌 하얀 소원지탑, 나부끼는 만장과 깃발들의 펄럭이는 춤사위….

　7개국 10여 개 해외 초청작은 개성 넘치는 연출과 연기로 풍성한 볼거리를 제공한다. 이색적인 화제작으론 먼저 우리에게 아직도 '금단의 먼 나라' 쿠바의 엘 시에르보엔깐따도 극단의 「해변의 새들」. 그리고 어린이 관객을 참여시키는 가족 야외극 「코끼리 놀이」…. 석양 무렵, 야외무대에서 펼쳐지는 콜롬비아 따제르 극단의 「공연하지 마!?」에 취해본다. 무대와 객석이 따로 없는 열린 공간에서의 걸진 판이 펼쳐진다. 낯모르는 축제객들과 허물없이 하나로 어우러진다는 것은 상상만 해도 신나는 일! 대형 자전거 두 대에 드럼 세트와 악기 연주자들을 전부 싣고 시끌벅적한 음악연주 속에 거리를 활보하는 알록달록 광대들! 불안정했던 콜롬비아의 시대상황 속에 험상궂은 경찰관들의 뒤쫓기…. 쫓고 쫓기는 가운데, 넘어지고 골탕 먹이며 펼쳐지는 공연 대소동! 상상만 해도 흥겨운 풍자의 페이소스가 거침 없다.

　극단 민족예술단 우금치가 무대에 올리는 「꼬대각시」를 비롯하여 통일염원 정통 마당극 「꽃등 들어 님 오시면」 등과 기발한 상상력으로 여

어느새, 거리예술가들의 삶에 대한 치열한 고민과 희망의 메시지에 푹 빠져든 무대의 배우와 축제객들, 누구라도 행복에 겨운 표정들이다.

러 가지 동화를 패러디한 국악관현악극 「심청아 나랑 놀자」와 가족야외극 「날아라 나비야」는 어린이들을 위한 마당극들! 풍물 장단에 실은 몸짓과 대사로 짜릿짜릿한 쾌감마저 나누어주는 「취발이」. 누군들 어찌 마음을 열지 않을 것인가.

세계 최고의 버스커들이 환상의 공연 보따릴 풀어놓는 '버스킹 Busking 세계로의 초대'도 분위기를 북돋운다. 열광적이고 경쾌한 탭댄스, 저글링, 마술 등에 모여든 인파는 내내 웃음꽃 탄성을 자아낸다. 어느새, 거리예술가들의 삶에 대한 치열한 고민과 희망의 메시지에 푹 빠져든 무대의 배우와 축제객들, 누구라도 행복에 겨운 표정들이다.

고추잠자리가 점점 높아져 가는 하늘가에 시를 쓰는 너른 잔디광장도 나들이 나온 가장들의 어깨에 힘을 넣어주는 마당. '슥삭슥삭! 악기공방' '조물조물 만지락' 등 부담 없이 자녀들과 함께 숨어 있는 문화예술의 끼를 마음껏 즐길 수 있는 문화체험 천지다.

축제 시기 | 9월 초 · 중순 무렵

가는 길 | 지하철 4호선 과천역 · 정부과천청사역 하차

별미 기행 | 보리촌(02-3679-5533)의 '보쌈, 보리밥' | 토정(02-502-1374)의 '산채정식' | 수동주물럭(02-502-1374)의 '꽃등심숯불구이'

행복한 쉼터 | 과천관광호텔(02-504-0071) | 그레이스관광호텔(02-504-2211)

주변 명소 | 국립현대미술관 | 서울랜드 | 관악산 연주암 | 경마장

여행 정보 안내 | 과천시청 문화관광과(02-3677-2066)www.gccity.go.kr
과천한마당축제위원회(02-504-0947) www.madang.or.kr

민둥산 억새풀 축제 정선

신이 빚은
은빛 금빛 억새물결로 시를 쓰다

　화려함을 즐기는 이들은 단풍을 찾아 떠나지만, 사색을 즐기는 이들은 은빛물결 넘실대는 억새밭을 찾는다고 한다. 이 가을, 우리 땅의 억새밭 명소 중의 명소는 민둥산. 1119미터의 산행길은 몇 갈래다. 그 중 능전마을에서 시작된 산행길은 정상까지 2.5킬로미터로 가장 가깝다. 산길은 지극히 편하게 이어진다. 가족끼리, 연인끼리 산행지로는 그만이다.

　단 두 가구만이 배추와 황기를 재배하며 사는 발구덕마을을 지나 고랭지 배추밭 사잇길로 올라선 산길. 잣나무 짙은 향내가 좋은 비탈길을 따라 오른 20여 분. 순간, 펼쳐지는 훌렁 벗겨진 산자락. 은갈색 억새무리만이 산비탈을 덮고 있다.

　산불감시탑이 영화 세트처럼 껑충 서 있는 산 정상에 올라선 사람들은 누구든 감탄을 연발한다. 나 또한 시 한 수가 저절로 지어 나온다―

지질학자들의 설명에 따르면, 민둥산 땅 밑은 진흙과 물이 고인 거대한 석회석 동굴. 지반이 약해 움푹 꺼져 버린 돌리네가 발달해 있는 전형적인 카르스트 지형이다.

"깊어가는 가을 소소한 바람은 / 나의 삶만 흔드는 게 아니었구나 / 오지의 가을 속으로 떠나온 억새여행 / 부드러운 솜털로 민둥산을 감싸안은 / 너른 은빛 가을 억새밭에서는 / 떠나는 계절의 햇살잔치를 위해 / 저희끼리 몸을 비비며 스스로의 존엄을 / 은빛, 금빛 춤사위로 노래하고 있었으니."

갈색 추억을 잉태하는 가을의 전설, 억새바다

민둥산 정상은 산 이름 그대로 민둥민둥. 나무 한 그루 안 서 있는 산이다. 그렇지만 9월부터 피기 시작하여 10월 중순경에 절정을 이룬 억새천국의 가을 민둥산은 숲이 우거진 여느 산 능선보다 훨씬 더 아름다운 자태를 뽐내고 있다.

산머리는 하얀 솜털 같은 억새들이 은빛 꿈으로 새파란 하늘을 하늘하늘 어루만지며 가을의 시를 자아내고 있다―"능선에 바람이 지난다 / 산 오르느라 이마에 송알송알 맺힌 / 땀방울을 훔쳐주는 고마운 바람… / 순간, 일제히 제 몸들을 흔들어 / 은빛 물결을 너울너울 일렁이는 억새바다! / 아, 저 억새의 물결은 / 신이 빚은 가장 훌륭한 가을선물? / 아니면, 갈색추억을 잉태하는 가을전설? / 내내 시정詩情을 돋우어 주는 장관!'

억새밭 사잇길은 곱게 가른 가르마 같은 오솔길. 가도 가도 끝없이 이어지는 이 억새밭 오솔길에서 가장 뜨는 노래는 "아~아 으악새 슬피 우는 가을인가요~". 그러나 '으악새'란 가을에 우는 새가 아니다. 억새를 운율미를 살려 길게 늘린 음악적 표현이다. "슬피 우는"은 가을이 깊어감에 말라져 가는 억새 잎들이 저희들끼리 비비며 사각거리는 소리를 시적으로 형상화한 것이고.

우리는 정상 부근 억새밭에 누워 하염없이 일렁이는 억새물결을 조명하는 햇살잔치에 푹 빠져 지극히 한가로운 가을을 황홀하게 만끽하고 있다. 억새평원 사이로 저 멀리 북서쪽으로는 고병골과 우리 겨레가 오래 전부터 천제를 지내온 태백산도 바라보인다. 남쪽으로도 웅장한 산들이 첩첩 어깨동무 중. "산~ 할아버지 구름모자 썼네~" 같은 흰

구름만이 두둥실. 섬을 품은 하얀 파도처럼 만산홍엽滿山紅葉 색자랑을 아껴주고 있다.

온통 억새바다 하늘 끝까지 이어지고 은빛 가을바람 쉬익, 눈부신 줄달음에 나도 그만 한줄기 바람으로 흩날린다.

민둥산 일원의 발구덕, 발구데이

바로 아래 산중의 거대한 웅덩이들은 이 곳 주민들이 "발구덕, 발구데이"로 부르는 지형. 민둥산 일원에는 여덟 군데의 커다란 발구덕이 있다.

지질학자들의 설명에 따르면, 민둥산 땅 밑은 진흙과 물이 고인 거대한 석회석 동굴. 지반이 약해 움푹 꺼져 버린 돌리네가 발달해 있는 전형적인 카르스트 지형이다. 산을 내려와 들은 포장마차집 주인의 말은 믿어도 될까, 말까? "구덩이로 빨려 들어간 배추가 산 아래 증산초등학교 옆 동굴로 흘러나오는 것을 봤다."

산중의 이른 노을이 하루의 일과를 마지막 기운으로 빛는 해질 녘, 노을을 머금는 억새밭은 가을 산에서 누릴 수 있는 최상의 낭만, 백미를 빚는다. 순간, 은빛 억새밭은 금빛 억새밭으로 찬란하게 변신한다. 민둥산은 지금 금관의 대관식을 여는가?

하산을 서두르는 길. 산 아래 띄엄띄엄 자리한 외딴 집들은 한 점 두 점 작은 별꽃 같은 불씨들을 밝힌다. 산을 거의 다 내려올 무렵, 밤하늘에는 또 다른 점령군들이 빛의 향연 중. 깊어가는 가을 밤하늘은 은빛 별 밭을 자욱이 수놓고 있다. 금세라도 그 빛나는 찬연함을 와르르 쏟아 놓을 듯이….

축제 시기 | 10월 하순 무렵

가는 길 | 영동고속도로⇨진부 나들목⇨33번 국도⇨정선⇨424번 지방도로⇨민둥산

별미 기행 | 동광식당(033-563-0437)의 '콧등치기 국수' | 향림식당(033-562-2358)의 '표고죽' | 정선곡 황기보쌈(033-563-8114)의 '황기보쌈' | 싸리골식당(033-562-4554)의 '곤드레나물밥'

행복한 쉼터 | 가리왕산 산림문화휴양관(033-563-1566) | 몰운대관광농원(033-562-2285) | 행복휴양림(033-563-2148) | 카지노관광호텔(033-590-7700)

주변 명소 | 화암동굴 | 몰운대 | 정암사

여행 정보 안내 | 정선군청 문화관광과(033-560-2225) www.jeongseon.go.kr
'민둥산 억새풀 축제'(정선군 남면 사무소: 033-560-2651)

난계사당에서는 난계숭모제로 '난계국악축제'의 서막을 연다. "쩌러럭" 집박 소리를 시작으로 제례악이 그윽이 연주되는 가운데 그의 업적을 기린다.

영동 난계 국악 축제

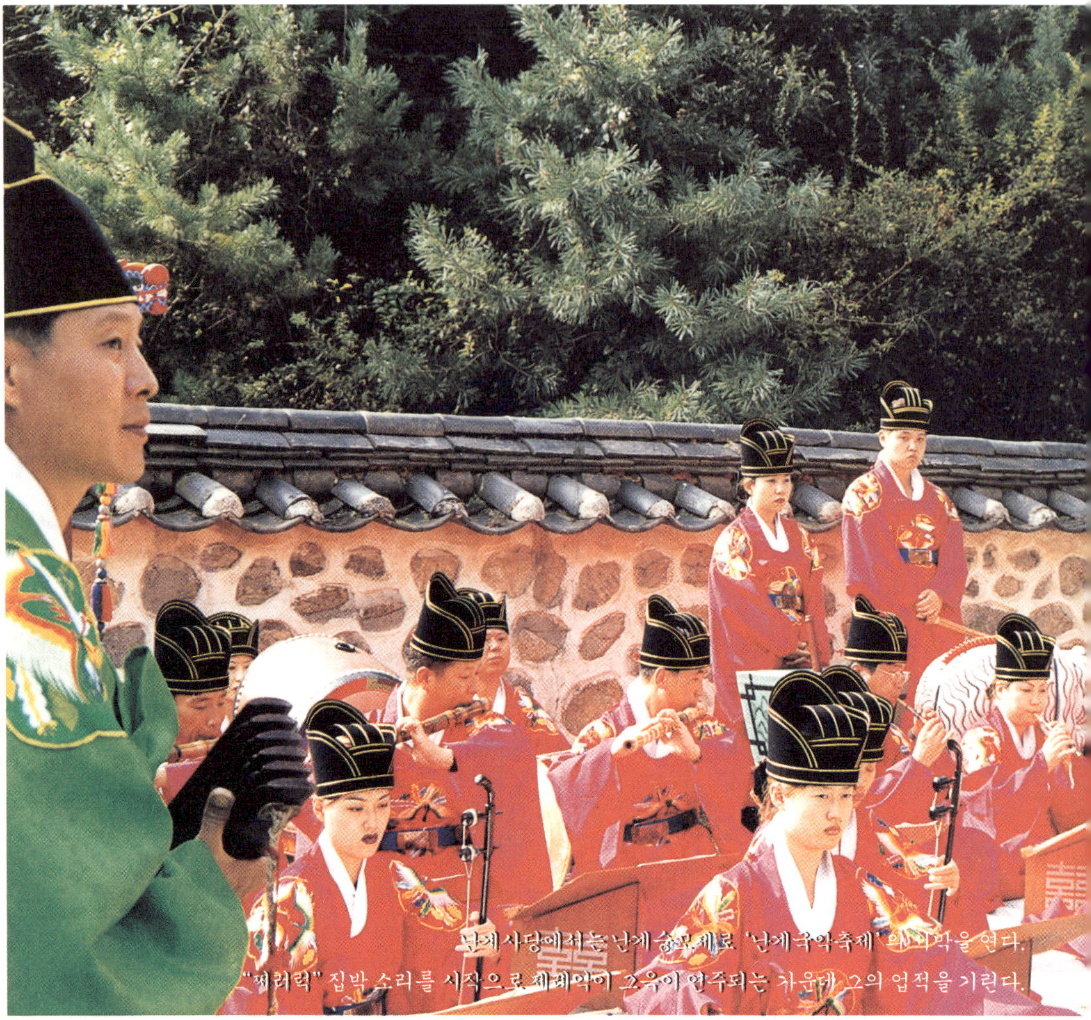

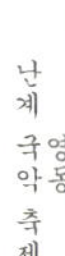

가을 하늘 같은 우리 소리 향연에 취하다

퓨전 국악에는 오감五感을 열지만 아직 정통 국악에는 쉽게 귀를 열지 못하는 나는 텔레비전이든 라디오든 정통 국악이 흘러나올라치면 '앗, 뜨거워라' 하고 채널을 돌려대는 것이 일상이다. 그런 어느 날, '난계 국악 축제' 체험기 청탁을 받고 충북 영동 여행길에 나섰다.

영동 나들목을 빠져 나와 금강 상류 송천을 따라 들어서는 가을길녘은 감나무 가로수들이 마중나와 반긴다. 검붉게 단풍진 감잎 사이사이로 감들이 새악시 볼처럼 바알갛게 익어가는 가을 풍경이 더 없이 해맑다. 집집마다 원두막처럼 지어놓은 감청에서는 주렁주렁 내걸린 감 꾸러미들이 여문 햇살에 말랑말랑 곶감으로 몸을 말린다. 온통 감 천지 영동다운 풍광이다.

난계 박연을 기리는 영동 사람들

국악 축제를 찾아 먼저 들른 곳은 난계국악박물관. 맑은 심천이 넉넉하게 흐르는 강변에 자리하고 있다. 고구려의 왕산악, 신라의 우륵과 함께 우리나라 3대 악성樂聖으로 추앙받는 인물이라는 상식밖엔 없는 나. 먼저 박연 선생의 영정과 일대기를 재현한 난계실과 영상실에서 국악의 맥을 살펴본다. 이곳 영동 출신인 그는 조선 초기의 명신이자 천재적인 음악가였다. 당시 중국에 예속되어 있던 음악과 각종 제례를 자주적인 노력으로 새로 정립하고 편종·편경 등 각종 악기들을 동양 음악사상의 전통에 알맞게 제작·정비하였을 뿐 아니라 연주에도 최고의 경지에 도달한 음악가였다. 체험실에서는 난계국악단원들의 연주 모습을 보며 국악기 체험에 심취한 이들로 활기차다.

바로 옆의 난계사당에서는 난계숭모제로 '난계 국악 축제'의 서막을 연다. "쩌러럭" 집박 소리를 시작으로 제례악이 그윽이 연주되는 가운데 그의 업적을 기린다. 그가 제락하였다는 편경과 편종, 박, 거문고 등과 함께 자아내는 가락은 장중하고 엄숙하다.

숭모제가 끝난 후, 차를 나누며 난계 선생의 몇몇 일화를 들어본다. 그가 낙향할 때 마포로부터 배를 타고 오면서 대금을 불자, 수많은 배들이 뱃길의 흐름을 멈추었다고 하니 신묘한 경지의 소리를 자아내던 그의 대금 연주를 다시 듣는 듯하다. 이곳 고당리에는 국악기 제작촌도 조성해 놓고 있다. 이곳에서 그리 멀지 않은 천모산 골짜기엔 그가 고향에 머물 때 즐겨 찾아 대금을 불었다던 옥계폭포가 있다.

폭포의 암벽 모양새가 참
으로 기이하게 생겼다. 여
인의 옥문을 빼닮은 것이
다. 풍수가는 "음기가 센
이 폭포에는 강한 남성이
찾아주어야 평화로울 것"
이라고 말한다. 폭포 상단
에는 여인의 자궁에 해당
할 법한 선녀탕이 있는데,
항상 물이 마르지 않고 흘
러 폭포수로 떨어진다.

고구려의 왕산악, 신라의 우륵과
더불어 우리나라 3대 악성樂聖으
로 추앙받는 난계 박연 선생

마음의 소리, 삶의 소리, 희망의 소리

영동시내 한가운데를 흐르는 영동천 둔치에는 피래미, 모래무지 같
은 민물고기들이 맑은 시냇물에 어린 파란 하늘가 새털구름 깃을 물고
노닌다. 축제의 주무대가 있는 이곳 둔치에서 펼쳐지는 '즐기는 국악!
풀어보는 국악!' '생활 타악 퍼포먼스' '미디어 속의 국악'…. 왠지 낯
설게만 느껴졌던 국악에 가까이 다가가게 해주는 공연들이다. 처음엔
머쓱했던 표정들이 재미있는 해설과 함께 펼쳐지는 연주를 들으며 편
안해진다. 난계국악축제는 이렇게 축제객들의 오감을 열어놓고 있다.

축제 기간 내내 상설로 운영되고 있는 '국악기 연주 체험'과 인기 높
은 축제마당에는 어린이들과 외국인들이 북적대는데, 진열된 태평소,
편종, 용고, 해금, 가야금 등 100여 종의 우리 악기들을 직접 두드려 보
고, 불어도 본다. 축제객들은 즉석 꽹과리 어깨춤 신명에 한마당 어울
림판을 만들어 간다. 우리 국악기에 대한 낯설음 때문에 망설이는 이들
에겐 난계국악단원들의 친절한 배려가 선사된다. 이내 우리의 소리를
울려보는 재미에 빠져 한참동안 발길을 머문다.

'생활 타악 체험' 여정은 소리의 모태를 쉽게 체험해 볼 수 있는 곳.
우리 소리 체험장에서는 '다듬이질 체험'도 해 볼 수 있다. 다듬이돌 앞

에 둘러앉아 "또드락 똑닥" 거리다 보면, 이제는 잊혀져간 먼 기억 속의 풍경소리들이 다시 살아난다. 깊어가는 가을밤, 고부姑婦 간에 장단을 맞춰가며 다듬이질을 하는 모습이 장지문에 어리고, 왠지 한이 서린 듯 한 소리에 별이 우르르 쏟아질 것 같았다. 지금 다시 들으니 정녕 '한국의 소리'다.

축제무대에서는 영동군 부녀무용단의 '난계 생애 무용극', 대금 연주가이며 국악 작곡가인 김용우의 '우리소리 한마당', 김용우와 섹스폰 연주가인 이정식의 '국악과 양악의 만남' 등 격조 높은 음악의 향연이 펼쳐진다. 난계국악단의 '우리의 소리를 찾아서'란 테마로 펼쳐지는 공연도 난계의 업적을 기리는 취타「만파정식 지곡」을 비롯하여 가야금 독주, 소금협주로 청아한 우리 가락의 혼불이 되어준다.

난계국악당에서는 국악계에서 이름난 등용문인 '난계국악경연대회'가 열리고 있다. 일반부 난계대상에는 대통령상이 주어진다며 은근히 대회의 권위를 자랑한다. 예술 분야에서 최고의 상은 그 분야 최고의

축제마당에는 어린이들과 외국인들이 북적대는데, 진열된 태평소, 편종, 용고, 해금, 가야금 등 100여 종의 우리 악기들을 직접 두드려 보고, 불어도 본다.

예술인 이름으로 주어지면 최고의 영예인 게지, 어찌 '대통령'을 최고 영예로 내건다는 말인가.

'영동 과일 축제'는 이 축제 여정의 보너스. 영동은 '과일나라'로 불릴 만큼 탐스런 과일 천지다. '사과와 배의 날'에 펼쳐지는 '깎기 대회' '무게 맞추기' '먹기 대회'에서, '포도의 날'엔 '포도주 마시기' '알 수 맞추기'에서 축제객들은 그저 싱글벙글한다. 특히 곶감 만들기 체험은 이채롭다. 감꼭지를 따내고, 감을 깎아낸 후에 감 타래에 매단다. 직접 참여하여 만든 곶감말이는 가져갈 수 있는 기쁨도 준다.

어느새, 지는 노을을 붙잡고 그만 발길을 돌려야 할 시간. … '국악의 고장, 영동'이 다시 그리워질 것 같은 귀로다.

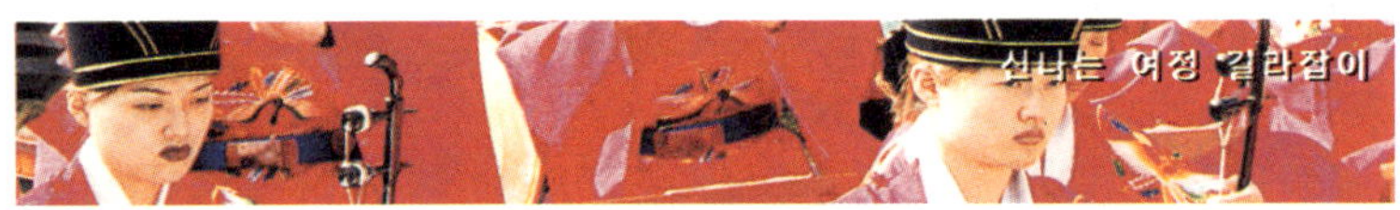

축제 시기 | 10월 중순 무렵

가는 길 | 경부고속도로 충북 영동 나들목⇨영동군 영동천 둔치 축제장, 난계국악당

별미 기행 | 금강식당(064-744-4737)의 '용봉탕'

행복한 쉼터 | 영동파크(064-756-2002)

주변 명소 | 난계사당 | 옥계폭포 | 양산팔경 | 영국사 | 물한계곡 | 민주지산

여행 정보 안내 | 영동군청 문화공보과(064-740-3211) www.yd21.go.kr

세계 문화유산을 찾아
천년 산사로 들다

팔만대장경 이운 경로를 따라 해인사 드는 길

단풍이 들기 시작하는 10월의 합천. 호반도로로 이어지는 100리 가을
길은 그야말로 낭만천지! 황강과 합천호반을 끼고 이어지는 이 청량한
길을 돌아드는 가을날은 참으로 눈부시다.

쪽빛 하늘빛이 완연한 홍류계곡을 끼고 돌아 오르는 푸른 소나무숲

유네스코에 등록된 세계적인 문
화유산 팔만대장경이 안치된 장
경각. 완벽한 통풍과 방습으로
해충이 서식하지 않는다는 건축
구조가 신비롭다. 창문들은 위치
와 방향에 따라 크기와 모양이
다르게 나 있다.

고려 호국 · 호법정신의 결정체 팔만대장경은 750년 전 몽고군이 이 땅을 침략했을 때 나라를 지켜내기 위해 고려 백성의 정성으로 탄생한 성보聖寶다.

길은 더없이 청정한데, 지금 이 가을 길에서는 이채로운 행렬이 이어지고 있다. 팔만대장경 이운 경로 재현 행렬이다. 수십 명의 스님들과 경전을 머리에 인 아낙네, 지게에 진 남정네들 수백 명과 소달구지 그리고 수많은 축제관광객들…. '팔만대장경축제'의 서두를 열고 있는 중이다.

고려 호국 · 호법정신의 결정체 팔만대장경은 750년 전 몽고군이 이 땅을 침략했을 때 나라를 지켜내기 위해 고려 백성의 정성으로 탄생한 성보聖寶다. 이 성보를 잘 보존키 위해 해마다 이 무렵 해인사에서는 경전을 머리에 이고 지고, 그 가르침대로 살겠다는 다짐으로 정대불사를 봉행해 왔다. 그 경이로운 전통행사가 지역축제로 승화되어 이어지고 있는 것이다.

세계 문화유산 체험하고, 전통사찰음식도 즐겨보다

가야산 품안에 들어앉은 한국 불교의 성지, 해인사. 일주문에서부터

법보전까지 일직선을 그리며 문과 집들이 놓여 있고, 그 양옆으론 당우들이 들어서 있다. 보기 드문 가람 배치다.

절 안으로 들어본다. 팔만대장경 보존의 비밀을 공개하는 축제 이벤트 팔만대장경 안치식이 펼쳐지고 있는 장경각. 유네스코에 등록된 이 세계적인 문화유산을 천천히 둘러본다. 완벽한 통풍과 방습으로 해충이 서식하지 않는다는 건축 구조가 신비롭다. 창문들은 위치와 방향에 따라 크기와 모양이 다르게 나 있다.

"이 장경각 안에서는 바람의 소용돌이가 잦아 대장경판의 습기도 쉽게 바람과 바닥의 흙, 나무와 어우리며 저절로 조절되고 있습니다. 현대과학도 못 푸는 신비지요."

노스님의 안내말씀이다. 조상들의 슬기로운 경험과학 앞에 그저 머리가 조아려질 뿐이다.

체험축제장에서는 많은 축제관광객들이 팔만대장경의 문화적 가치 체험에 한창 매료되어 가고 있다. 이 국보와의 실제 접하기는 팔만대장경 필사와 인경 그리고 판각 체험과 도자기 체험들이다. 템플스테이에

232

참가한 외국인 축제관광객들은 더 진지하다.

자연식과 건강식이 각광받고 있는 요즈음, 사찰음식은 세인들의 관심을 모으고 있는 웰빙 식탁이 아니던가. 사찰음식 살펴보기도 빼놓을 수 없는 축제 즐기기가 된다. 전 일본 총리가 해인사를 방문했을 때, 오찬을 했다는 그 유명한 해인사 사찰음식은 석이, 팽이, 표고버섯 등을 가지런히 놓은 구절판과 미나리, 숙주나물, 청포 등에 참기름을 두른 탕평채 등이 정갈하게 차려나온다. 탕평채는 임금께 진상한 특별한 음식이기도 하다. 물론 손쉽게 즐길 수 있는 산채비빔밥 체험만도 훌륭하다.

합천 제1경인 가야산 등반대회에 참가해본다. 오염되지 않은 소나무 숲길로 오르는 산행은, 몸은 물론 마음까지도 뿌듯한 축제가 되어준다.

축제 시기 | 10월 초순 무렵

가는 길 | 88고속도로⇨해인사 나들목⇨1033번 지방도로⇨해인사

별미 기행 | 고바우식당(055-932-7311)의 송이정식, | 송씨고가식당(055-933-7225)의 토종음식

행복한 쉼터 | 해인사관광호텔(055-933-2000) | 합천호관광농원(055-932-0036) | 황강스파랜드농원(055-931-0052)

주변 명소 | 홍류동 계곡 | 황매산 철쭉제(4월) | 영화 「태극기 휘날리며」, TV 드라마 「1945, 서울」 촬영 세트장 | 황계폭포

여행 정보 안내 | 합천군청 문화공보과 (055-930-3161), 관광개발사업소(055-930-3756) www.hc.go.kr 팔만대장경축제제전본부(055-931-8133)

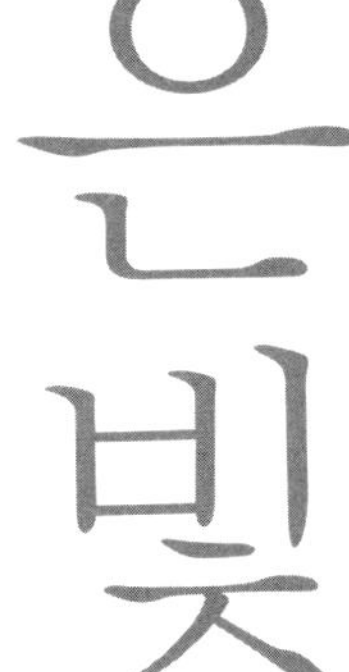

눈과 얼음을 보듬고 '뜨거운겨울'을 보내다

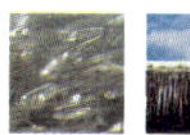

정월대보름 들불 축제 / 북제주

바다 건너 제주도 새별오름에 들불을 놓다

제주공항에 내려 달리는 서부 중산간지대 차창 밖 풍광은 이채롭다.
제주의 어미산인 한라산을 위시하여 섬 곳곳에 여인의 예쁜 젖무덤처
럼 봉곳봉곳 솟아오른 오름들의 파노라마가 펼쳐지기 때문이다. 샛별
오름·금오름·누운오름·정물오름…. 이 오름들 가운데 으뜸오름은

저녁 하늘에 샛별같이 홀로 봉긋 솟아오른 샛별오름이다. 이 샛별오름 일원에선 정월대보름을 앞두고 국내에서 가장 규모가 큰 정월대보름 들불 축제가 펼쳐진다. 제주 돌문화의 상징 중 하나인 방사탑에 태고의 불씨 생성처럼 부싯돌로 만들어진 불씨가 점화됨으로써 그 막을 여는 '북제주 정월대보름 들불 축제'. 축제광장 곳곳에서 함께 하는 제주 민속놀이에는 제주도만의 오랜 풍물이 배어 있다. 제주의 초가지붕을 엮기 위한 짚줄놓기경기와 줄다리기는 예전의 제주사람들이 펼쳤던 연례행사다.

언덕배기에서는 많은 가족들이 참여해 가족의 운수대통을 기원하며 하늘 높이 꿩을 날리고, 누구나 참여할 수 있는 행운의 돼지·오리몰이 경주는 그 신바람만큼이나 긴 줄을 잇는다. 아기돼지와 한 판 씨름에 마냥 즐거운 축제객들….

겨우내 눈 속에 감춰졌던 샛별오름도 기지개를 편다. 가족 또는 연인과 함께 뭍에서 날아온 수많은 축제객들이 해발 519미터의 샛별오름 정상을 향해 오른다. '오르다'의 명사형인 '오름'은 경사가 급하지 않고 봉우리가 둥근, 작달만한 기생화산을 이르는 제주토박이말이다.

오름길 양편엔 지난 가을에 그토록 아름답게 금빛 은빛으로 일렁거렸을 금억새, 은억새들은 줄기들만 남아 불어오는 바닷바람에 몸 부대끼며 서걱댄다. 4·3제주항쟁 무렵에는 무장유격대의 근거지였다는 이 샛별오름길은 "바람보다 더 빨리 눕고 바람보다 더 빨리 일어선다"던 김수영의 절창 「풀」을 떠올리게 한다. 억눌릴수록 더욱 거세게 일어선 제주사람들의 생명력을 노래하는 듯하다.

큰애기들 낯 붉히는 제주말 사랑싸움놀이

들불축제에서 단연 인기를 모으는 이벤트는 말사랑싸움대회. 암말한 마리가 먼저 울 안에 등장한다. 이어 수말인 자유탄생과 녹색바람의 등장. 그러나 이 두 수말은 암말의 사랑을 독차지하려고 처음부터 치열하게 다투기 시작한다. 맞대응으로 앞발을 높이 들어 상대의 기세를 서로 먼저 제압하려 하는가 하면, 뒷발질도 거세게 해댄다. 거센 울부짖

음과 함께 말사랑싸움은 점점 더 격렬해진다. 다들 온몸에 전율을 느끼며 응원과 환호를 보내느라 뜨겁다.

그러는 한순간 녹색바람이 등을 돌리고 내뺀다. "네네, 자유탄생의 승리입니다!" 다소곳이 한편에 있던 암말에게 다가간 자유탄생이 속삭이듯 날름댄다. 그런데 이게 웬 일? 한 순간 암말의 뒤로 훌쩍 올라타는 자유탄생. 불끈거리는 거대한 성기를 암말에게 들이대기에 바쁘다. "앗, 저놈 좀 보세요. 완전한 후배위 자세네요. 아, 대낮에 자꾸 저러면 안 되는 건데…. 순진한 큰애기들 얼굴 화끈거려 어쩐대요, 증말." 토박이 아마추어의 중계방송이 더 얼굴 화끈거리게 하는 원초적 사랑 축제다.

조랑말 타보기 체험마당에서 졸지에 '애마부인'이 된 여인네들의 웃음소리도 고조되긴 마찬가지다. 제주도 조랑말은 육지에서 단체 여행 온 여인네들에게 영화 속의 그 뜨거운 애마는 못되어도 충분히 이색적인 체험 여정을 낳고 있다.

들불축제에서 단연 인기를 모으는 말사랑싸움대회. 두 수말은 암말의 사랑을 독차지하려고 처음부터 치열하게 다투기 시작한다.

238

제주사람 사는 냄새가 좋은 굽기마당

축제 둘째 날, 환호는 듬돌들기 체험마당에서부터 터져 나온다. 그 옛날 제주 마을 마을의 위세를 가늠하고 힘 센 장사를 가렸던 놀이다. 마을을 대표하는 자칭 천하장사들이 자기의 몸무게보다 더 무거운 듬돌을 들어올리는 순간, 터지는 환호성! 여성장사들도 남정네들 못지않은 위용을 보여준다. 제주의 삶을 많은 부분 고스란히 져온 제주여성들의 강인하고 억척스러운 삶의 땀내가 드러나는 순간들이다.

한편의 밭고랑에선 예전의 제주사람들이 말밭갈이와 경작하는 모습을 실제 상황으로 재현해내고 있다. 그러나 옛 제주 전통농경문화를 직접 체험해보려는 관광객들의 용기는 맥을 못 춘다. "에라 이 사람아, 그렇게 밭갈기 했다간 말이 웃겠다!"

이 축제 속의 또 하나 빼놓을 수 없는 즐거움은 제주향토음식장터 순

말타기 묘기는 축제객들의 탄성을 자아낸다. 말과 사람이 하나로 어우러지는 묘기는 그야말로 장관이다.

레다. 향토음식장터와 광장 곳곳에 마련된 구워먹기마당에서는 제주토
종 먹돼지고기와 소라, 오분자기 등등의 청정 먹을거리들이 제주사투
리 섞인 구수한 입담 속에 여행자들의 후각을 무차별 자극한다. 이곳
제주도가 아니면 평생 못 먹어 볼 제주음식들을 토박이 아주머니들 손
맛으로 맛볼 수 있다. "뭍에서 오신 손인가 뵈, 이래 옵써. 맛 난 거 만
수다." 사람 사는 냄새가 더 없이 좋은 축제다.

제주 토종돼지를 삶은 육수에다 '몸'이라 불리는 해초를 듬뿍 넣어
끓여 내놓은 몸국, 삶은 무를 속으로 넣은 빙떡, 제주 토종돼지와 돔베
(도마의 제주도사투리)가 만난 돔베고기, 작게 썰어 초장만 곁들여 뼈째
먹는 자리물회. 그리고 전복, 소라 등은 장에 내다 팔고 돈 안 되는 손
톱만한 오분작, 조개 등만을 집된장에 풀어 끓인 오분작뚝배기 등등 제
주토박이들이 즐겨온 토속별미들을 직접 맛 본 것은 이번 여행의 또 다
른 진수다.

소망의 파노라마로 타오르는 샛별오름

이곳의 들불놀이 축제는 가축 방목을 위해 해묵은 풀을 없애고, 해충
을 구제하기 위해 마을별로 해마다 들불을 놓아왔던 제주의 옛 목축문

240

화를 현대적 감각으로 연출한 민속문화관광축제다.

올 한 해의 소원 기원 문구를 쓴 띠를 수 천여 장 주렁주렁 달고 서 있는 대형달집 만들기 현장은 특히 우리의 어머니들이 정성에 정성을 드리는 곳이다. 새해소원기원 돌탑 쌓기도 마찬가지다. 해넘이 시간이 가까워질수록 인산인해를 이루는 오름 주변. '천지풀이' 공연과 함께 온 누리에 평화와 사랑, 상생 그리고 모두에게 큰 복이 도래할 것을 축원하는 낭독이 울려퍼진다.

드디어 저녁 6시 30분. 레이저 쇼가 화려하게 펼쳐지는 가운데, 폭죽 소리와 함께 형형색색의 불꽃이 오름 정상에서 치솟아 오른다. 휘황찬란하다. 이 축제의 절정인 오름 불 놓기를 위해 샛별오름 곳곳의 대형 달집에도 점화가 시작되자, 일제히 거대한 불꽃기둥들을 올려댄다. 이 순간, 화산이 폭발하는 듯한 붉은 형용을 내뿜는 샛별오름은 그대로 활화산! 오름의 억새풀들을 잘도 태우는 불길은 묵은해의 모든 액운을 휘

어이 휘어이 태워버리고, 새 희망으로 삶의 재충전을 약속한다.

이어 2006발의 축하 폭죽이 용암이 분출하듯 쏘아 올려지는 밤하늘은 환상 그 자체다. 완벽한 들불의 난장이다. 이 장대한 광경 앞에서 사람들은 한 해의 무사안녕과 운수대통을 기원한다. 축제광장 곳곳에선 원을 그리며 돌아가는 강강수월래 군무가 이어진다―"잘도 탄다~ 잘도 탄다~ 강강수월래~." 출연자와 관광객 모두가 함께 어우러져가는 이 난장의 신명은 더 고조되어간다. 아이들이 "휙휙" 소리를 내며 돌려대는 수백 개의 불깡통은 또 하나의 둥근 달로 그려지고…. 어릴 적 정월대보름이면 건너 마을아이들과 맞서 돌렸던 그 불깡통의 위세가 아련히 떠오른다.

대자연을 배경으로 한 제주 들불놀이의 감동적인 파노라마는 가슴 멍한 감동으로 오래오래 기억될 터다. 온 종일 들뜬 마음으로 기웃거린 오름과 제주민속, 그리고 불과 달 등 전통 민속자원을 극대화한 들불놀이 축제현장과 함께…. 척박했던 제주도의 속살을 직접 만져볼 수 있는 아주 귀한 시간들이다.

축제 시기 | 정월대보름 직전(양력 2월 중순경)

가는 길 | 제주공항⇨서귀포 방향(공항버스 운행)⇨샛별오름

별미 기행 | 복집식당(064-722-5503)의 '갈치호박국', 도라지식당(064-722-3142)의 '자리물회' | 물팡식당(064-748-9989)의 '옥돔물회, 옥돔구이정식' | 바스메(064-787-3930)의 '말고기 풀코스 요리'

행복한 쉼터 | 제주시내나 서귀포 중문관광단지의 숙박업소 이용

주변 명소 | 돌문화공원 | 우도 | 비양도 | 비자림 | 애월읍 신·중·구엄리 해안

여행 정보 안내 | 북제주군청 관광교통과 (064-741-0544) www.bukjeju.go.kr

동해안 처녀해신에게
남근목을 바치다

해안절벽이 발달한 삼척 해안도로를 따라 굽이굽이 내달리는 여정은 원초적인 어촌 풍경이 아직껏 남아 있어 더욱 정겹다. 이 길에서 만나는 삼척어촌민속전시관은 동해안을 삶의 터전으로 살아온 어촌사람들의 희로애락이 담긴 산교육장이다. 주변에는 이색적인 거시기(?) 공원이 가꾸어져 있다.

가장 아름다운 어촌으로 꼽히는 근덕면 부남리·초곡리, 원덕읍 갈남 1리를 지나 이른 신남마을은 '전설의 마을'이다. 마을로 드는 산중턱에는 '성황당'이라는 현판을 내건 '본서낭'이 자리하고 있다. 이 마을을 처음 개척한 '엄씨 할아버지'를 모신 당집이다. 예서 보면 반달형 백사장 안으로 옹기종기 들어앉은 어촌 풍경이 그림처럼 한눈에 든다.

마을 뒷산 해신당海神堂으로 오르는 길 양편에는 어른 키 두 배나 되는 장승들이 버티고 서 있다. 여느 흔한 장승이 아니다. 불끈 불퉁 솟은 대형 남근조형물들이다. 웬만한 사내들은 초입부터 기가 팍팍 죽을 판이다. '전국남근깎기대회' 우수작품인 '뿌리' '천하대남근' '놈의 침묵' '해바라기' 등으로 조성한 세계 최초의 남근공원이다. 이 가운데 '놈의 침묵'은 제목만큼이나 대단히 사실적이다.

이 해신제에는 여성 관광객들이 유난히 더 많이 찾아든다. 이네들 가운데 짓궂은 이가 거대한 남근조형물에 살짝 손을 갖다대고 얼굴을 붉히며 애교스럽게 능청을 떤다―"어쩌자구 자꾸 쉬가 마렵다니?" 이에 질세라 또 한 이가 한 술 더 뜬다―"말은 바로 해라. 아니 무슨 오줌타령? 난 자꾸 조개가 옴짝거려져 걸음이 안 되는구먼….."

처녀의 넋을 남근으로 달래는 '신남리 해신제'

대보름 전야의 달빛이 이 해안마을을 한창 어루만지는 자정. 부정한 짓을 보거나 당하지 않기 위해 몸과 마음을 경건하게 다스려온 다섯 명의 제관 중 세 명은 엄씨 성황당으로, 두 명의 제관은 해신당으로 오른다.

며칠 전까지도 노해 있던 앞바다는 지금 쏟아지는 달빛에 마치 처녀가 옥문을 여는 순간처럼 지극히 수줍다. 갯바위가 병풍처럼 늘어선 벼

랑 위에 지어진 해신당에 이른 제관 행렬. 드디어 당주에 의해 열리는
해신당. 한가운데에는 이 마을사람들이 수호신으로 섬기는 분홍치마
노란 저고리 차림의 처녀해신의 초상화가 모셔져 있다. 올해에 새로 깎
은 남근을 여신의 초상화 곁에 주렁주렁 걸어놓고 제수품을 진설한다.
풍어제가 열리는 오후에 깎아 놓은 야무진 향나무 남근목은 붉은 황토
칠을 해대어 피부색과 흡사하고, 손아귀 안에 다 거머쥐기가 쉽지 않을
정도로 굵고 탱탱해 보인다.

초헌관은 도가의 가장이 된다. 남근도 꽂아 바쳐놓고 마을 주민들의
풍어와 자손들의 번성을 빌어 올리는 축문이 낭독된다. 이어서 마을의
가구 수대로 소지도 "훠어이, 훠이" 경건하게 올려진다. 제를 다 올리
고 나서 다시 마을로 내려온 제관들은 제주집에서 모여든 마을사람들
과 함께 음복과 덕담을 나누며 윷판을 벌이고 한판 걸게 논다.

"재수 없는 여자는 넘어져도 뜨거운 국솥 안고 넘어지고, 재수 있는
여자는 넘어져도 가지밭에 넘어진다"는 뜨거운 Y담이 있다. 그러면 저

해신당 앞에 우뚝 서서 처녀귀신의 원혼을 달래주고 있는 남근목.

잘 생긴 남근목을, 그것도 해마다 여러 개씩 주렁주렁 제물로 받고 있는 이 해신당 안의 축복받은(?) 처녀신은 누굴까?

400여 년 전, 마을 앞 갯바위에서 장래를 약속한 총각과 함께 돌김을 뜯다가 그만 풍랑으로 죽은 처녀가 있었다. 그 뒤론 마을 앞바다에서 물고기 씨가 말랐음은 물론, 젊은이들까지도 풍랑으로 죽는 일이 잦았다. 그러던 어느 날 총각의 꿈에 나타난 처녀—"처녀의 몸으로 죽은 것

246

이 원통하오니 위로해 주세요." 총각이 꿈에 보았다는 그 향나무에 마을사람들이 정성으로 제를 올렸건만 재앙은 여전히 끊이질 않았다. 이런 와중에 마을 사내 하나가 술기운에 그만 애바위 부근 바다에 죽은 처녀를 원망하며 방뇨를 하고 말았는데, 다음날 이 고기잡이배는 만선이 되었다.

마을사람들은 이를 처녀의 넋이 사내의 양기를 보고서 만족하였노라고 생각하여 이후 해신당을 짓고 음력 정월보름과 12지간 중에서도 성기性器가 가장 큰 말馬의 날인 음력 시월의 첫 오일午日이 되는 날을 잡아서 마을 주민 공동의 남근목 봉헌제를 지내온 것이다.

오랜 세월 이 해신당을 지켜온 듯한 묵은 향나무 신목神木에는 무속적 분위기가 흠씬 배인 삼색천과 복주머니와 함께 굴비 꿰듯이 새끼줄로 엮인 아홉 개의 남근목이 매달려 있다. 지나는 바닷바람에 꺼덕꺼덕 일어설 준비를 하는 것일까?

달이 중천에 떠오른 밤바다는 파도소리만 잔잔하다. 신남마을에서 8킬로미터 남으로 내려온 임원항에서는 대보름 전날 쥐불놀이와 달집태우기에 이어 농악놀이가 크게 펼쳐지고 있다. 말만 잘하면 사물도 내어준다. 어촌사람들과 한바탕 어울려보는 것도 우리네 대보름날의 신명이 아니던가.

축제 시기 | 정월 대보름날 전후

가는 길 | 영동고속도로 강릉⇨7번 국도⇨삼척 오십천변 축제마당⇨신남마을 해신당

별미 기행 | 삼척항 식당들의 '곰치국' | 정라횟집(033-573-3670)의 '도루묵요리' | 향토식당(033-573-8686)의 '가자미회' | 신남마을 민박집들의 '따개비죽'

행복한 쉼터 | 장호 · 용화 관광랜드모텔(033-573-6321) | 신라장(033-574-8859)

주변 명소 | 환선굴 | 신리 너와집과 통방아 | 삼척어촌민속관 | 통리협곡과 미인폭포

여행 정보 안내 | 삼척시청 문화관광과(033-570-3221) www.samcheok.go.kr

서쪽에서 뜨는
새해를 맞이하다

　가는 해의 반성과 다가오는 새해의 설계에 희비가 교차하는 세밑. 서
해바다로 나아가서 마지막 지는 해넘이에게 작별 인사를 할까? 아니면
동해바다로 나아가서 떠오르는 새해 첫날의 해오름을 반겨볼까? 이 두
가지 욕심을 한 번에 채울 수 있는 곳이 바로 서해안의 '해넘이·해맞
이 감상 1번지' 당진 왜목마을이다.

　세계에서 9번째로 긴 다리인 서해대교를 건너 경기도에서 충남 당진

248

땅으로 넘어선다. 삽교호방조제와 대호방조제 그리고 석문방조제로 이어지는 왜목마을 가는 길은 환상의 드라이브 코스다. 길 양옆의 바다와 탁 트인 시야로 마치 활주로를 달리는 기분이다.

아쉬움과 미움마저 사르는 '해넘이 축제'

석문면 교로리 왜목마을은 왜가리의 목과 비슷한 지형이다. 본래는 한적한 어촌이었는데 해넘이와 해오름을 한 곳에서 볼 수 있는 곳으로 입소문 나면서 수많은 사람들을 불러 모으는 명소가 되었다.

이곳에서의 축제는 한 해의 마지막 날(12월 31일) 오후부터 펼쳐지기 시작한다. 연 만들어 날리기, 짚풀공예, 가래떡 만들기, 회 먹고 어종 맞히기 등을 직접 체험해 보는 즐거움들이 곳곳에서 넘쳐난다. 이곳에서 해넘이를 가장 훌륭하게 감상할 수 있는 명당자리는 팔각정자 석문각. 해넘이 시간이 점점 다가오는지, 수많은 인파가 저 멀리 도비도 앞 대호방조제까지 줄지어 올라선다.

이윽고 해질 무렵. 해넘이 시간은 17시 25분 경. 바로 앞 바다 대난지도와 소난지도 사이의 비경도를 중심으로 주변 바다와 하늘은 온통 붉

대난지도와 소난지도 사이의 비경도를 중심으로 주변 바다와 하늘은 온통 붉은 노을 물결 올해의 마지막 해가 지금 너울너울 이울고 있다.

은 노을 물결! 올해의 마지막 해가 지금 너울너울 이울고 있다. 아쉬움
이 더 크게 남는 한 해를 보내며, 전인권이 부른 「사노라면」을 목청컷
불러본다―"사노라면 언젠가는 밝은 날도 오겠지. … 내일은 해가 뜬
~다."

너무나 서정적인 왜목마을 '해오름 축제'

이곳에서의 해맞이 감상 포인트는 왜목마을 뒤편의 석문산 아니면
왜목마을 앞 백사장이 좋다. 그러나 밀려드는 해맞이 인파로 명당자리
에서는 까치발을 서야 할 정도다. 운 좋게 이 자리에 서면 인파에 밀리
면서도 문득 '희망은 이렇게 귀한 것이구나'라는 생각이 든다.

미명의 바다는 이윽고 어둠을 걷어내면서 수평선을 드러내기 시작한
다. 하늘과 바다는 짙은 안개 빛…. 새해 소망 메시지가 낭독되고, '소
원 담아 풍선 날려 보내기'도 준비되어 있다. 이젠 저 수평선 너머로 새
해만 솟아오르면 된다.

바다는 붉은 홍싯빛에서 점차 짙은 황토빛으로 변해간다. 이윽고 수평선 위로 길게 가로지르는 듯한 불기둥이 솟아오르는 것으로 장엄한 해오름이 완성된다.

아, 드디어 해가 정말로 서해안 수평선에서 머리 끄트머리부터 턱걸이하듯 서서히 떠오른다. 7시 46분경이다. 동해가 아니라 서해에서 해가 솟는다. 바다는 붉은 홍싯빛에서 점차 짙은 황토빛으로 변해간다. 이윽고 수평선 위로 길게 가로지르는 듯한 불기둥이 솟아오르는 것으로 장엄한 해오름이 완성된다. 작은 포구의 풋풋한 분위기와 어우러진 소박한 낯빛이 너무나 서정적이다. 수평선에서 한참 올라선 해는 정거운 여운을 남기며 새아침으로 이어진다.

왜목마을의 해오름 위치는 날마다 조금씩 다르다. 가장 멋진 해오름을 보려면 2월 초순경이 좋다. 그 무렵에는 바다 쪽으로 머리를 내민 노적봉과 내륙에 가까운 용무치 사이에서 해가 둥둥 솟아오르기 때문이다. 그 두 곳 사이의 바위 모습은 마치 곧추 하늘로 향해 선 남근을 닮았다. 그 남근바위 위로 계란노른자위 같은 해가 아주 천천히 둥둥 올라타고 오르는 모습은 해오름 풍광 가운데 최고의 걸작품이다.

갯벌여행에 마음을 두고 왜목마을에서 차로 10여 분 거리에 있는 도비도 갯벌을 찾는다. 도비도 갯벌은 벌보다 자갈이 많아서인지 장화가 필요치 않다. 굴이 한창 다닥다닥 붙어있는 갯바위나 자갈밭을 살살 긁어본다. 왕초보임에도 한 두어 시간 동안 한 끼 식사감 정도의 조개랑 게, 굴을 얻어냈으니 그 기분은 아무나 모를 노동.

꼭두새벽부터 설친 해맞이로 마음은 뿌듯하지만 몸은 물 먹은 솜처럼 무겁다. 그러나 대호암반해수탕에 알몸을 풍덩 담그면 다시 개운해질 터이니 염려할 일은 아니다. 앞바다에 떠 있는 올망졸망 섬들을 바라보며 즐기는 노천해수탕은 아주 기분 좋은 추억이 될 터다.

축제 시기 | 12월 31~1월 1

가는 길 | 서해안고속도로⇨송악IC⇨석문방조제⇨장고항⇨왜목마을

별미 기행 | 어두일미(041-353-7886) · 제일횟집(041-356-5136)의 '밀국 박속낙지탕' | 삼오정(041-353-6379)의 '꽃게장정식' | 향아식당(041-356-1282)의 '김치굴국밥 · 깻묵된장백반'

행복한 쉼터 | 객실에서 해오름 볼 수 있는 태공여관(041-353-3035) | 왜목펜션빌(041-353-0418) | 대호농어민복지센터(041-351-9200)

주변 명소 | 필경사 | 도비도항 | 난지도 | 국화도 | 함상공원

여행 정보 안내 | 당진군청 문화공보실(041-350-3122~3)
www.tour.chungnam.net/ctnt/dang/index.jsp

정동진 해맞이 축제

모래시계의 추억 속에
새해를 맞이하다

정동진正東津은 서울 광화문 앞에 있는 도로 원표석을 깃점으로 정동
正東쪽에 있는 마을이다. 하지 때는 한반도 제일 동쪽 그곳 정동진에서
해가 솟아오른다.

드라마 「모래시계」 방영 이후, 젊은이들이 가보고 싶은 국내 여행지
1위로 선정된 우리시대의 명소이기도 한 정동진으로의 여행은 기차
여행이 낭만을 더해준다.

모래시계 세대의 아린 추억여행

바다 가장 가까이에 있는 조그만 간이역과 기찻길, 역구내로 들어서
철길을 건너면 거센 바닷바람을 맞받아 간이역 쪽으로 이울어진 작은
소나무들. 거친 파도가 금세 기찻길을 덮칠 듯 바다와 가깝다. 대부분
의 여행자들은 일명 '고현정소나무' 앞에서 로맨틱한 분위기에 젖어든
다. 드라마 「모래시계」에서 이곳을 배경으로 한 장면이 떠오른다.

대부분의 여행자들은 일명 '고현
정소나무' 앞에서 로맨틱한 분위
기에 젖어든다. 드라마 「모래시
계」에서 이곳을 배경으로 한 장
면이 떠오른다.

"수배중이던 여주인공 혜린(고현정 역)은 운동권 신분이 탄로나 수사
요원들에게 쫓기게 되었고, 이 소나무 옆에서 초조하게 기차를 기다렸
지. 혜린이 타고 떠나야 할 기차는 느릿느릿 이 간이역 구내로 들어오
는데, 기차보다 한 발 빨랐던 수사요원들에게 차가운 수갑이 채워지는
혜린의 손목. 기차는 이를 아는지 모르는지 아무 일 없었던 듯이 다음
역으로 떠나간다. 천천히 기차가 떠나가는 장면에서 자기를 버린 기차
를 뒤돌아보는 혜린의 그 쓸쓸한 표정…."

세월이 흐른 지금껏, 모래시계 세대의 이야기는 정동진역 기찻길에
이렇게 아리게 박제되어 있다.

정동진역 일원 바닷가는 세밑만 되면 전국에서 밀려드는 해돋이 전
야 인파로 한껏 들뜬다. 드라마가 시작되고 얼마 후 물어물어 찾아들었
던 그 쓸쓸한 폐광촌과는 아주 다르게 화려해진 골목골목을 기웃거려
본다. 뼛속가지 스며드는 동장군에 도저히 못 버티고 만 사람들은 포장
마차에 들어앉아 따끈한 어묵국물에 소주로 언 몸들을 녹이고 있다.

이렇게 일약 동해안 최고의 해돋이명승지로 변신한 정동진에서 나의
추억 속 정동진은 지금 없다ー "정동진은 이미 정동진이 아니다."

정동진 해맞이축제만의 이색적인 이벤트는 '모래시계 회전식'. 31일

23시 47분 경, 이 시간을 기해 대형 모래시계는 반 바퀴 돌려진다. 송년사에 이어 23시 59분, 모두 한 목소리로 새해 카운트다운을 합창한다. '반성과 희망의 마음'으로 새해를 맞이하는 순간이다. 드디어 1월 1일 자정, 새해를 맞는 사람들의 환호! 이어 밤바다 위로 무수히 쏘아 올려지는 불꽃들이 새해 벽두를 영롱히 수놓는다. 사랑하는 사람들끼리 뜨거운 포옹으로 벅찬 감동을 나눈다.

모래시계는 원래 허리가 잘록한 호리병박 모양이지만 정동진의 모래시계는 둥글다. 시간의 무한성과 동해바다에서 떠오르는 해를 상징한다. 평행선의 기차 레일은 영원한 시간의 흐름을, 에워 싼 십이지十二支상은 하루의 시간을 알려 준다.

이곳 모래시계는 지름 8.06미터, 폭 3.20미터, 무게 40톤, 모래무게 8톤으로 기네스북에도 오른 세계 최대 명물이다. 이 모래시계 안에 있는 모래가 모두 아래로 떨어지는데 걸리는 시간은 꼭 1년. 그래서 지금 1월 1일 0시에 반 바퀴 돌려 위아래를 바꿔 새롭게 시작하게 하는 중이다.

정동正東으로 솟아오르는 홍시 속처럼 붉은 불덩이!

청량리역에서 출발한 기차는 6시간 30분여를 달려 정동진 간이역에 도착한다. 1월 1일 자정을 지나 백두대간을 넘어 밤 새워 달려온 해돋이관광열차들로 인해 아직 어둠에 묻힌 정동진은 벌써 활기에 넘친다.

06시 '오프닝불꽃놀이'가 미명의 동쪽바다를 수놓는다. 이어서 한반도의 새로운 아침을 찬양하는 퍼포먼스 '한반도의 빛'이 연출되고. 수평선 멀리서 오렌지색 빛이 시나브로 푸르스름한 기운을 내몰기 시작하자, 파도가 닿는 바로 앞 바닷가 갯바위와 드넓은 모래사장엔 온통 사람 천지다. 그 사이에 이어지는 신년사 그리고 바람·물·불의 삼재三災를 막아주길 기원하는 토속신앙 '진또배기 소지추첨'이 행해지고, 해오름 직전인 07시 39분엔 2006개의 헬륨 풍선이 날아오른다.

이윽고 07시 40분, 수평선 너머에서 기다란 해무리를 끌고 붉은 햇덩이 솟는다. 터진 홍시 속처럼 붉은 불덩이다. 다들 흥분의 도가니 속에

서 감격의 함성을 토해낸다. 떠오르는 해를 향해 소원을 비는 사람들, 1년 365일 오늘만 같았으면…. 2006인분 미역국을 공짜로 대접하는 정동2리 어촌계 주민들의 훈훈한 인정에 언 몸은 물론 마음까지 사르르 녹는다.

신나는 여정 길라잡이

가는 길 | 경부고속도로⇨영동고속도로⇨강릉IC⇨강릉시⇨강동면⇨정동진
(청량리역~정동진행 열차: 무궁화호 1일 7회 운행, 22:00, 23:00, 23:30 출발)

별미 기행 | 강릉초당순두부(033-644-5789)의 '모두부' | 일출횟집(033-644-5276)의 '곰치국' | 일줄식당(033-644-5830)의 '횡대찜' | 딸부자막국수(033-644-6906)의 '꿩만두국, 막국수'

행복한 쉼터 | 썬크루즈(033-610-7000) | 다우리조텔(033-644-1771) | 모닝컴모텔(033-644-5723) | 화이트캐슬(033-644-6444)

주변 명소 | 헌화로 | 등락가사 | 드라마 영상기념관 | 썬크루즈리조트 | 참소리박물관

여행 정보 안내 | 강릉시청 관광개발과 (033-640-5127) www.gangneung.go.kr
정동닷컴 www.jungdong.com

눈 내리는 날
우리는 눈나라행 태백선을 탄다

  하늘마저 낮은 잿빛인 겨울날, 사람들은 시인이 아니어도 소복이 내
릴 하얀 눈을 기다린다. 그 기다림 끝에 몇 날 동안 푸짐하게 내리는
눈, 마침내 우리는 눈꽃여행을 떠날 수 있게 되었다.

  아다모가 부른 샹송 「눈이 내리네」를 부르며 태백산 눈꽃열차에 오른
다—"Tom- be la nei- ge~ tu nevien- dras pas ce soir~Tom- be la
nei-ge~." 청량리 플랫폼을 빠져나온 눈꽃열차. 겨울 산야를 지나는
차창 밖으로 세상은 온통 하얀 눈 천지다.

영월, 함백, 고한, 태백, 백산으로 이어지면서 태백산맥은 하얀 속살을 보여주기 시작한다. 추녀 밑까지 닿을 듯 눈이 쌓여 있는 외딴 집, 두터운 솜이불 같은 흰눈을 덮고 겨울잠을 자는 숲, 그리고 두꺼운 얼음으로 완전무장하고 있는 깊은 강줄기들을….

이름도 낯선 간이역들을 숱하게 지난 눈꽃열차는 "하늘도 세 평, 땅도 세 평, 마당도 세 평"이라는 경북 승부역을 거쳐 우리나라에서 가장 높은 곳에 자리한 추전역에 닿는다. 한여름에도 난로를 피운다는 곳이다.

수십 개의 태백선 터널들 가운데 죽령을 넘는 똬리굴을 통과하는 느낌은 아주 독특하다. 터널 입구와 출구가 위 아래로 놓여 있어 똬리를 틀듯이 터널을 돌아 나오게 되어 있다. 들어갈 때 보았던 설경을 나오면서 다시 보게 되는 것이다. 마치 타임머신을 타고 시간을 거슬러 갔다가 되돌아나오는 느낌이다.

세계 10대 눈 축제로 선정된 '태백산 눈꽃 축제'

일본 '삿뽀로 눈축제'에서 뽑은 세계 10대 눈 축제로 선정되어 국제적 명성까지 얻고 있는 태백산 눈꽃 축제는 태백산 아랫녘 당골광장에서 펼쳐진다. 실제의 3분의 1 규모로 세워진 얼음 그리스 신전을 지나면 환상적인 눈세상이 마법처럼 펼쳐진다. 먼저 눈길을 사로잡는 축제

눈꽃, 피고지는 때가 따로 없이 간밤에 문득 화안하게 피었다가 추위가 가시면 또 문득 흔적도 없다.

마당은 국제 눈조각과 세계의 눈사람 전시장. 북구 유럽 눈의 나라 핀
란드를 비롯한 캐나다, 일본 등 세계 초일류 스노우 아티스트와의 눈예
술작품을 통한 만남은 눈꽃기행의 격을 한층 높여준다. 국내 최고의 눈
조각 20개 팀의 100여 명 예술가들의 '태백산 눈조각 경연'도 새하얀
눈이 새 생명으로 창조되어 가는 기쁨을 누리게 한다.

등산로 입구의 '눈사람 페스티벌'에서는 전문 눈조각가가 아니어도
누구든 눈예술가가 될 수 있다. 세상의 희한한 눈사람은 여기 모두 모
여 있다. 내 손으로 만드는 나만의 눈사람―이처럼 아름다운 추억 만들
기가 또 어디 있을 것인가.

이렇게 연인들이나 아이들이 더 좋아하는 축제 이벤트는 사방에 눈
꽃처럼 피어 있다. 상설무대에선 눈과 얼음의 천국 북방 나라에서 온
외국 예술인들이 선보이는 전통 민속춤과 민요는 이국적인 분위기를
한껏 띄워준다. 이 축제장엔 이국적인 탈거리도 있다. 12마리의 시베리
안 허스키가 "딸랑 딸랑" 방울소리를 내며 끄는 개썰매다. 이 개썰매타
기에서 우리는 어느새, 영화「닥터 지바고」에서 연인 라라를 찾아 끝없
는 설원을 달리는 주인공이 된 기분이다.

이곳에는 따끈따끈한 군밤이나 군고구마도 있어, 출출할 때면 추억

의 별미를 즐길 수도 있다. 우아하고 신비로운 초대형 얼음집 이글루 카페 안에서 사랑하는 사람들과 나누는 커피 한 모금은 얼마나 달콤한 가. 또 투명한 얼음 잔에 채워 러브 샷으로 마시는 맥주는 얼마나 상큼한가.

오궁썰매 타고 내려오는 태백산 눈꽃 트래킹

천제단까지의 태백산 눈꽃 트래킹을 빼놓으면 진정으로 '태백산 눈 꽃축제'를 즐겼다고 말할 수 없으리라. 태백산은 해발 1567미터로 높은

연인들이나 아이들이 더 좋아하는 축제 이벤트는 사방에 눈꽃처럼 피어 있다.

편이지만, 이미 한참을 올라온 고원의 산자락이기 때문에 아이젠을 빌려 차면 아이들과 손잡고 도전해 볼 만한 순한 산이다.

유일사～장군봉～망경사～당골로 내려오는 코스(4시간 소요)를 선택하면 장군봉 일원의 상고대 주목과 어우러진 눈꽃을 환상적으로 즐길 수 있다. 아이젠을 단단히 차고, 새하얀 겨울 능선을 타고 오른다. 눈꽃과 나무나 풀에 눈같이 내린 서리 상고대 어우러진 원시의 설향雪鄕에 푹푹 빠지는 태백산 눈꽃 트래킹 여정은 순수무구 그 자체다. 유일사에서 장군봉에 이르는 하얀 능선에 오르면 "살아서 천년, 죽어서 천년을 지낸다"는 주목朱木 군락지가 새하얀 옷을 멋지게 차려 입고 반긴다─ "오, 은빛 눈꽃의 주목이여!" 생명을 다한 고사목枯死木조차 겨울 태백산에 절경 하나를 보탠다.

눈 덮인 겨울산은 오르기보다 내려오기가 더욱 힘들다. 그러나 산을 내려갈 여행자들은 마냥 들떠 있다. 이 곳 겨울 태백산에서만 누릴 수 있는 비장의 재미가 기다리고 있기 때문이다. 등산로 초입에서 빌려온 오궁썰매가 바로 그것이다. 오궁썰매를 착용한 후, 상체를 약간 뒤로 뉘이고 두 다리를 구부려 약간 들면서, 지지대를 밀면 그대로 출발 "오우, 예!" 십리 하산 길에서 우리는 스노레이서의 짜릿한 질주를 씽씽 누리며 환호를 질러댄다.

신나는 여정 길라잡이

축제 시기 | 1월 중 · 하순 무렵

가는 길 | 중부고속도로⇨호법IC⇨영동고속도로⇨남원주IC⇨중앙고속도로⇨제천IC⇨영월⇨태백 ('환상선 태백산 눈꽃 기차여행 패키지' 예약 : 1월에서 2월말까지 운행, 철도청 고객센터(1544-7788, www.korail.go.kr) 또는 홍익여행사(02-717-1002))

별미 기행 | 신토불이식당(033-552-7075)의 '산채비빔밥, 황기백숙' | 농원실비(033-552-0999)의 '거세한 한우 구이' | 고려 뚝배기(033-552-2440)의 '콩나물해장국'

행복한 쉼터 | 태백산민박촌(033-553-7460) | 스카이호텔(033-552-9977) | 알프스장(033-681-3121)

주변 명소 | 황지연못 | 검룡소 | 구문소 | 용연동굴 | 강원랜드 | 정암사

여행 정보 안내 | 태백시청 문화관광과(033-550-2081) www.taebaek.go.kr
태백산눈축제위원회(033-550-2081) www.snow.taebaek.go.kr

한국의 지붕마을에서
눈꽃 판타지로 피어나다

'한국의 지붕'으로 불리는 평창군 도암면 횡계의 대관령 일원은 과연 전국에서 눈이 가장 많이 내리는 설국雪國이다. 1미터에 이르는 은세계 속으로 빨려 들어가는 느낌이라니─ "옛적, 우덜 대관령 오지마을사람들은 겨울이면 마을 집끼리 서로 새끼줄을 연결해 두었다가, 눈이 처마까지 쌓인 날 아침이면 양쪽 집사람이 그걸 잡고 빙빙 돌려 눈 굴을 뚫어 길을 삼아야 했더래요"하는 말이 정말 실감난다. 길섶에서 수천, 수만 마리의 명태들이 두터운 눈을 뒤집어쓰고 있는 황태덕장 풍광으로 찾아드는 길도 색다른 체험을 맛보게 한다.

이곳에서 단연 인기가 높은 축제마당은 눈조각상들이 펼쳐진 곳이다. 동양의 유명 건축양식을 테마로 한 얼음무대, 얼음성, 얼음 미끄럼틀 등등…. 눈으로 빚어진 아름다운 동화 속 나라를 여행하는 기분은 세계 최고를 자랑하는 빙등조각가들 솜씨 덕이다.

개막식에 앞서 펼쳐지는 소발구 퍼레이드와 '황병산 사냥놀이'는 이곳 축제마당에서만 볼 수 있는 이채로운 전통 민속이다. 겨우내 폭설로 덮이는 대관령 잿마루 차항마을 어르신네들이 설피나 전통썰매를 신

264

고, 날카로운 창으로 잡은 멧돼지를 서낭당에 올려놓고 마을의 안녕과 풍요를 기원하며 불렀을 「사냥노래」가 흥을 더한다— "눈이 많이 내렸으니 산짐승이나 잡으러 가세 (에헤야 얼럴럴 상사디야) / 너도 가고 나도 가세 손에 손에 창을 들고 (에헤야 얼럴럴 상사디야) / 이 산 저 산 살피면서 황병산에 올라가세 (에헤야 얼럴럴 상사디야)."

누구나 신바람나는 대관령 눈놀이마당

대관령 전통겨울놀이마당도 즐거움이 소복소복 쌓이는 곳. 키를 넘을 정도의 폭설이 내리는 눈 깊은 강원도 오지마을에서 지금도 신는다는 설피를 직접 신고 눈밭을 걸어보는 발자욱들…. "아하, 이렇게 해서 푹푹 빠지는 눈길도 걸을 수 있는 거였구나!"

고로쇠나무나 박달나무로 만든 만들어진 나무썰매를 양발에 스키처럼 신고 버팀목으로 조종하는 전통썰매 체험은 바로 한국 스키의 원조 체험이 된다. 이곳 대관령 토박이 어르신네들이 이끄는 황소가 "스르르 스르륵" 미끄러져 나가는 소발구를 난생 처음 타보는 재미에 푹 빠진 아이들의 웃음꽃이 하루 종일 그치지 않는다. 작게 만들어진 발구를 아빠나 엄마가 끌면 인발구가 된다.

온통 눈밭이다. 아이들은 눈 속에 파묻혀 노느라 시간 가는 줄 모른다.

거대한 얼음 상어가 입을 쩍 벌리고 있다. 아이들에게는 그저 신나는 놀이터다.

　ㄷ자형 눈담장을 사이에 두고 눈뭉치로 공격하는 눈싸움대회는 눈꽃보다 화사한 웃음꽃을 피운다. 눈밭에 그만 미끄러져 뒹굴어도 "깔깔!", 눈덩이로 몇 대 얻어맞아도 그저 "호호! 하하!". 눈세상의 이 유쾌함은 사랑하는 사람과 함께라면 더욱 신바람난다.

　누구나 참여할 수 있는 아주 시원한(?) 마라톤 대회도 열린다. 대관령의 눈보라 속을 최소한(?)의 복장만 걸친 채 내달리며 자신의 한계에 도전해보는 국제알몸마라톤대회다. 오리털 점퍼까지 껴입고도 춥다는 사람들을 민망스럽게 할 정도로 그 열기가 뜨겁다.

　축제마당 곳곳에서 활활 타오르고 있는 모닥불은 참 따숩다. 횡계마

266

을사람들이 정겨운 강원도인심으로 한겨울 추위를 녹여주기 때문이다. 즉석에서 구워내는 금바위 감자와 멧돼지 바비큐가 토박이들과 축제객 사이를 더욱 가깝게 해준다.

선자령 눈꽃 트래킹과 양떼목장에서의 겨울밤

영화 「화성으로 간 사나이」를 촬영하기도 했던 대관령양떼목장에 찾아든다. 이곳은 요즈음 뜨는 스크린투어 명소다. 하얀 눈 덮인 능선에 외롭게 서 있는 소나무 한 그루…. 그 뒤로 파랗게 채색된 겨울하늘은 그대로 한 폭의 풍경화다.

이곳 산장에서 눈꽃 축제의 밤을 맞는다. 또 다시 창 밖은 목화솜 같은 눈이 펑펑 내리는 설원雪原의 밤이 펼쳐져 있다. 축제 분위기에 들뜬 여행자들은 쉬이 잠들지 못한다. 목장에서 내놓은 양고기를 구우며 독주 몇 잔을 기울이는 밤이 너무 좋다. 밤은 더욱 깊어져 창문을 흔들고 지나는 대관령 바람이 들려주는 겨울 전설만 남았다.

이튿날 아침, 선자령 눈꽃 트래킹에 오른다. 대관령에서 북쪽 선자령으로 이어지는 겨울철 백두대간 능선은 나라 안에서 손꼽는 눈꽃 트래킹의 명소다. 선자령 정상에 서면 동쪽으로는 동해 수평선이 아스라하고, 남쪽으로는 발왕산, 서북쪽으로는 오대산과 황병산 산줄기가 일렁인다.

축제 시기 | 1월 중순 무렵

가는 길 | 경부고속도로⇨신갈분기점⇨영동고속도로⇨횡계 나들목 우회전⇨대관령 눈꽃 축제장

별미 기행 | 고향이야기(033-335-5450)황태회관(033-335-5795) · 송천회관(033-335-5942)의 '황태 요리' | 납작식당(033-335-5477)의 '오삼불고기'

행복한 쉼터 | 용평리조트(033-335-5757) | 용평리조트펜션 스위스 샬레(033-335-3920) | 카르페디엠(033-334-8889)

주변 명소 | 용평리조트 | 대관령스키박물관 | 대관령삼양목장 | 월정사

여행 정보 안내 | 평창군정 문화관광과 (033-330-2753) www.happy700.or.kr

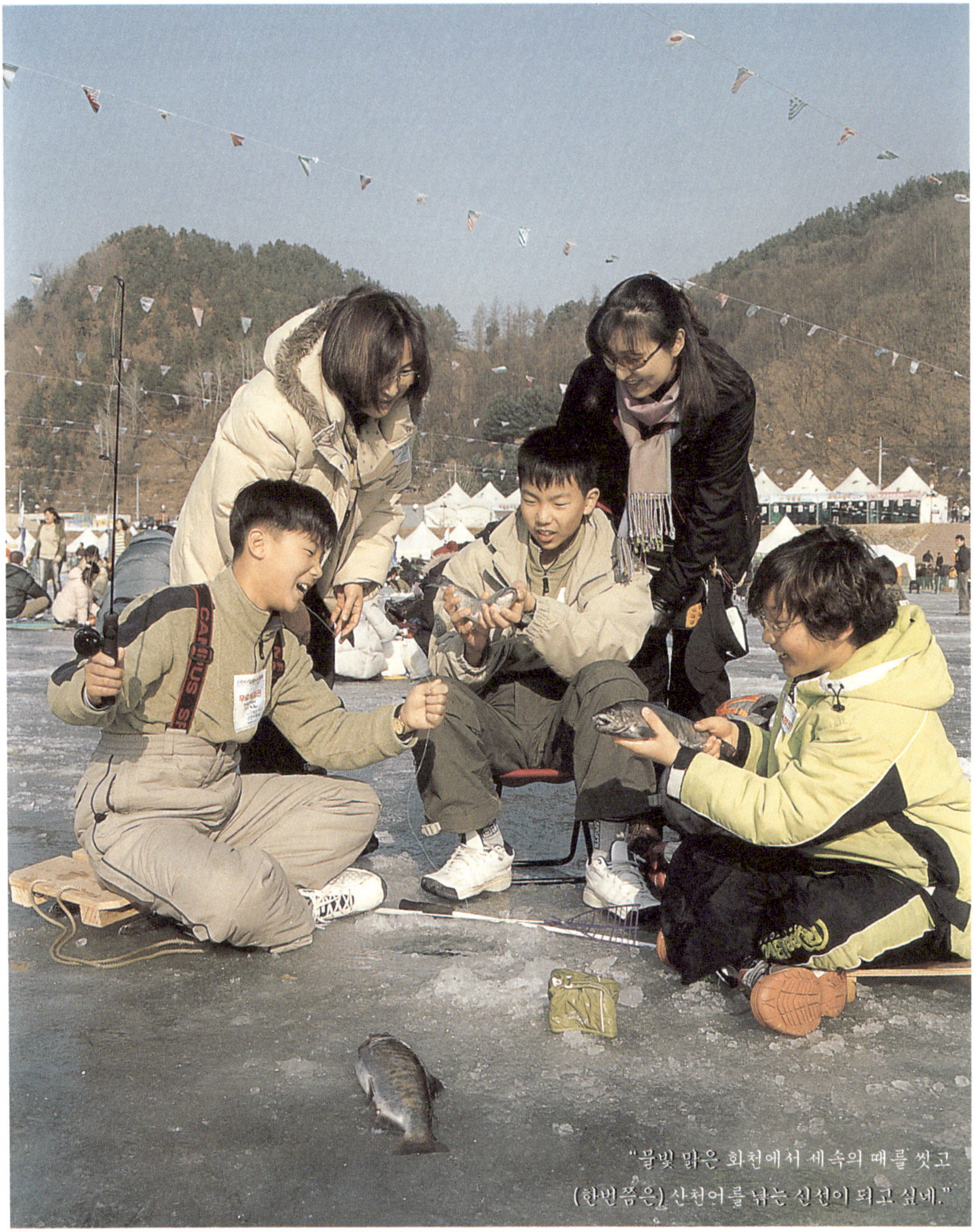

화천 산천어 축제

얼음나라 화천에서
녹지 않는 추억을 낚다

동장군의 기세로 물고기들도 움츠려든다는 한겨울, 강원도 외진 땅 화천에서는 얼음나라가 이외수의 「산천어가 그대에게 보내온 엽신」으로 우리를 초대한다. 얼음나라 화천으로 가는 길 내내, 철가방 프로젝트가 부른 '산천어 로고송'이 흥을 돋운다—"물빛 맑은 화천에서/세속의 때를 씻고 (한 번쯤은)/산천어를 낚는 신선이 되고 싶네~."

화천읍을 막 끼고 돌아 춘천호로 흘러드는 화천천은 지금 천연 얼음벌판. 이곳 산천어 축제의 백미는 산천어 낚시다. 산천어는 맑은 산간 계곡에서만 서식하는 물고기로, 길이 20~30센티미터의 몸 양측 등에 열 개 안팎의 흑갈색 가로무늬가 박힌 아름다운 자태를 뽐낸다.

주중에는 누구라도 무료인 산천어 축제에는 하루 수천 명이 몰려와 인공 미끼가 달린 낚싯줄을 얼레에 감은 견지낚시대(2천 원)나 소형 릴 낚싯대로 산천어 잡아 올리는 재미에 푹 빠져든다.

여기저기 얼음판에서 고기를 낚을 때마다 질러대는 탄성이 왁자한 가운데 "우와! 황금송어다!"—일단의 무리가 함성을 질러댄다. "저놈 잡으면 큰 경품을 탈 수 있다는데…. 높은 숫자의 꼬리표가 달린 산천어를 건져도 상품을 준대." 얼음판은 추워도 낚시 열기는 뜨겁기 그지없다. 얼음판에서 낚아서 바로 먹는 산천어회 맛은 천하일품이다. 주황색을 띤 육질은 송어보다도 훨씬 더 쫄깃쫄깃하다.

얼음물 속에 발을 담그고 맨손으로 산천어를 잡아올리는 '기절초풍 산천어 맨손잡기'는 지독히 쩌릿쩌릿한 체험이다. 물고기 잡을 확률이 높고 푸짐한 상품으로 경쟁도 치열하다.

산천어는 맑은 산간 계곡에서만 서식하는 물고기로, 길이 20~30센티미터의 몸 양측 등에 열 개 안팎의 흑갈색 가로무늬가 박힌 아름다운 자태를 뽐낸다.

축제마당 주변에는 숯불구이 시설이 갖추어져 있어, 갓 잡은 산천어를 함께 구워 먹는 별미도 그만이다. 산벚나무 훈제산천어, 산천어가스, 산천어식해 등 다양한 청정산천어요리 맛도 볼 수 있다. 산천어의 단단한 살 한 점을 입에 넣으면 쫀득쫀득 씹히는 맛이 여간 고소한 게 아니다. 예로부터 중국에서는 신선이 먹었고, 일본에서는 노약자의 약제로 쓰였다고 한다.

얼음공화국은 겨울놀이로 하루가 짧다

얼음나라 산천어 축제장엔 즐길거리와 볼거리가 너무 많아 하루가 너무 짧은 신명 천국이다. 빙판골프, 빙판인간새총과 트렉터에 트레일러를 연결해 만든 얼음나라열차 등을 즐기는 이들의 신바람난 웃음소리가 날 저물도록 끊이지 않는다. 어른들도 신나긴 마찬가지다. 대형 고무대야를 멀리 미끄럼 보내는 '인간 투포환' '인간컬링경기'를 즐기다보면 추위는 없다. 또 외발썰매 타보기는 얼마만인가.

전방에서 가까운 화천군에는 3개 사단이 포진해 있어, '여성 얼음축구대회'에는 대한민국 국군의 아내들이 대거 참여한다. 얼음판 위에서 공을 차려고 몸에 잔뜩 힘주다가는 그냥 '꽈당' 나자빠지기 일쑤다. 왕년의 축구선수 실력도 이 얼음축구장에선 맥을 못 춘다.

축제객들이 얼음판을 떠난 밤이 되어서도 화천시내 중앙로 거리거리에서는 가로등 네온 사이사이로 여전히 산천어들이 줄지어 헤엄치고

'화천 산천어 축제'는 "얼지 않은 인정, 녹지 않는 추억"으로 겨울철 가족 추억여행 1번지로 기억되리라.

전방에서 가까운 화천군에는 3개 사단이 포진해 있어, '여성 얼음축구대회'에는 대한민국 국군의 아내들이 대거 참여한다.

다닌다. 축제의 밤을 수놓는 불을 잉태하고서…. 참 인상적인 축제의 밤거리 풍경을 연출한다. 이곳 주민들이 여러 날 동안 직접 공들여 만들어 내건 산천어등燈 조형물들이어서인지 더 친근감이 간다.

전방지역으로만 기억되던 화천. 그런 황량한 지역 이미지를 벗고 좋은 빙질氷質과 청정화천의 이미지와 부합하는 산천어를 연결지어 태어난 축제다. 이런 기획력과 추진력은 주민의 30배가 넘는 70여만 여행자들을 끌어 모으고 있다. '화천 산천어 축제'는 "얼지 않은 인정, 녹지 않는 추억"으로 겨울철 가족 추억여행 1번지로 기억되리라.

축제 시기 | 1월 초순~하순 무렵

가는 길 | 경부고속도로⇨신갈 분기점⇨(중부고속도로⇨호법 분기점)⇨영동고속도로(강릉 방향)⇨ 만종 분기점(원주)⇨중앙고속도로(춘천 방향)⇨710번 도로⇨화천

별미 기행 | 평양막국수(033-442-1112)의 '초계막국수' | 참숯불갈비(033-441-2292)의 '돌솥밥 설렁탕'

행복한 쉼터 | 추억만들기펜션(033-441-2578) | 파인빌리(033-441-1962) | 토고미민박마을(033-441-7254)

주변 명소 | 평화의 댐 | 화천댐 | 칠성전망대 | 붕어섬

여행 정보 안내 | 화천군청 문화관광과(033-440-2543~5) www.ihc.go.kr
화천얼음나라축제조직위원회(1688-3005) www.icefestival.co.kr

꽃지에서
천년 사랑 저녁놀에 물들다

해당화가 많이 피어나는 땅이라 하여 붙여진 이름 '꽃지', 입에 올리
면 그대로 시어詩語가 된다. 하얀 포말을 일으키며 쉼 없이 밀려오는 파
도가 해변을 거칠게 애무한다. 한 해의 마지막 날, 정오 무렵의 햇살잔
치는 눈부시다. 겨울바다에 떨어진 햇살들은 생선 비늘 같은 은파銀波

로 넘실거린다. 아스라이 먼 해변 끝까지 발자국을 남기는 겨울 나그네
들…. 한 해의 마지막 날, 아름다운 추억을 위해 추운 줄도 모른다.

썰물진 갯바위에는 토종 굴이 닥지닥지 붙어 있다. 할머니들의 꼬부
라진 삶이 시리다. 그러나 이 생각은 기우. "이 바다가 편해서, 아침 반
나절 나와 굴 따는 기유. 자연산 굴이여, 잡숴 봐유." 생굴 한 접시를 그
대로 마셔보니 앞바다가 훌륭한 식탁! 토종 별미다.

한 해의 끝에서 천년 사랑을 기약하는 저녁놀

한낮이 이울 무렵, 몰려든 축제객들이 날리는 연은 시린 겨울하늘이
마냥 좋은가보다. 게릴라 콘서트에 몰려든 젊은이들은 환호를 연발하
며 저물어가는 한 해를 아쉬워하는데…. 저녁놀 축제의 본 행사로 웅장
한 북 공연에 이어 날려 보내는 소지풍선들. 나는 소지에 이렇게 썼
다―"더 사랑하지 못한 존재를 새해엔 더 사랑하게 해주소서."

꽃지 바닷가 오션캐슬콘도 노천해수탕에서 수평선 너머로 지는 저녁
놀을 바라보며 해수온천을 즐겨보는 것도 특별한 여정이 될 터다. 이곳
스파 공간은 더 없이 황홀한 곳. 아로마 재스민, 레몬이 띄워져 있는 욕

겨울바다에 떨어진 햇살들은 생
선 비늘 같은 은파銀波로 넘실
거린다. 아스라이 먼 해변 끝까
지 발자국을 남기는 겨울 나그
네들…. 한 해의 마지막 날, 아름
다운 추억을 위해 추운 줄도 모
른다.

조와 수중마사지는 묵은해의 땟국을 말끔히 씻길 것이다.

꽃지해변의 최고 절경은 눈썹 같은 노송을 달고 있는 할아비바위와 할미바위 사이로 지는 해넘이다. 두 바위 사이에서 애절한 천년의 사랑을 물들인다. 신라 때 이곳 방어 책임자였던 승언이 싸움터에 나가 전사하자, 지아비를 평생토록 기다리다가 지친 미도라는 그만 바위로 변해 '할미바위'라 부르게 되었다는 순애보로….

애절하게 솟아난 전설을 들려주듯 수평선의 붉은 석양은 파도자락으로 철썩인다. 순간, 순간 금빛에서 석류빛으로…. 서해안 3대 해넘이의 서경敍景이다. 마지막 해의 잔영이 사라진 밤하늘로 타오르는 해변의 모닥불과 작열하는 불꽃잔치 사이로 작별 인사를 보낸다ー"안녕, 한 해 동안 아름다웠던 우리들의 사랑이여! 추억이여!"

물 위로 걸어드는 섬

안면도의 동편 바닷가에 오롯이 올라 있는 안면암. 이 암자 바로 앞에 동동 떠 있는 두 개의 무인도는 피안의 세계. 썰물 때는 갯벌 위에 놓인 나무다리를 밟으

안면암 바로 앞의 두개의 무인도
는 썰물 땐 갯벌 위에 놓인 나무
다리를 밟으며 들고, 밀물 땐 뜬
다리를 통해 들 수 있다.

며 들고, 밀물 때는 뜬다리를 통해 들 수 있다. 뜬다리를 걷다보면 마치 물위를 걷는 기분이 든다. 암자는 해변에서 오연히 바다를 바라보고 있는데, 암자에서 바라보는 천수만 풍경은 가히 일품이다.

안면암은 '조구널' 이라고도 불린다. 예전에 조기가 무진장으로 잡혔을 때, 섬 전체에 조기를 널어 말렸다고 해서 '조구널' 이라 불린다는데, 이 섬은 두개의 봉우리를 가진 한 개의 큰 바위섬이다.

암자 밑 해변에서는 조개를 잡고 낚시를 즐길 수도 있으며, 이른 아침에 들면, 황홀한 일출 장관도 볼 수 있다.

축제 시기 | 12월 31일

가는 길 | 서해안고속도로⇨홍성 나들목⇨29번 국도 해미 방향⇨서산간척지 방조제⇨원청삼거리에서 좌회전⇨안면도

별미 기행 | 영목식당(041–673–7134) · 송정꽃게찜(041–673–2666)의 '꽃게탕' | 꽃다리횟집(041–673–1024)의 '조개구이, 해물탕'

행복한 쉼터 | 롯데오션캐슬(041–671–7000) | 블루비치(041–674–6750) | 펜션–안면도닷컴에서 예약 | 자연휴양림(041–674–5017)

주변 명소 | 자연휴양림 | 황도 | 안면암 | 조개박물관 | 영목항

여행 정보 안내 | 태안군청 문화관광과(041–670–2544) www.taean–gun.chungnam.kr

겨울 소양호에서
은빛 요정을 낚다

제 철다운 야성마저도 잃어버린 도심을 훌쩍 떠난다. 홍천을 거쳐
"인제 가면 언제 올까? 원통해서 못 살겠다"는 인제·원통을 지나 설악
계곡물과 내린천이 만나 이룬 소양호에 닿는다. 그런데 호수는 간데없
고 온통 얼음판이다. 북설악 동장군이 300여 만 평 소양호를 꽁꽁 얼려

놓은 것이다.

먼저 풍어제를 올리면서 막을 여는 빙어 축제. 이 축제의 주인공 빙어 氷魚는 투명한 얼음처럼 속이 비치는 물고기의 생김에서 붙여진 그 이름만큼 차고도 깨끗한 물을 좋아한다. 그래서 깨끗한 물과 얼음나라 소양호는 빙어천국!

은빛 요정만 낚나요, 멋진 겨울추억도 건져요

빙어 축제의 백미는 특별한 기술 없이도 누구나 낚을 수 있는 빙어낚시다. 빙판 여기저기에 뚫어놓은 얼음구멍마다 견지대를 드리운 가족과 연인들이 둘러앉아 있다. 빙어가 물기를 기다리는 표정들이 자못 진지하다.

그렇게 기다린 끝에 찌가 미세하게 떨리는 손맛을 느끼는 순간, 낚아채며 지르는 환호성—"야아, 물었다!" 그러나 빙어는 그리 만만하게 잡혀주질 않는다. 너무 세게 낚아채면 입술이 여린 빙어인지라 낚시바늘에서 떨어져 나가고, 너무 약하게 채어 올리면 도망가 버리기 때문이다.

축제객들이 산 빙어를 초고추장에 찍어 한 입에 넣는 순간, 얼굴에 튀기는 초고추장 파편! 아랑곳하지 않고 오물오물 씹어 먹는 맛이란, 먹

빙판 여기저기에 뚫어놓은 얼음구멍마다 견지대를 드리운 가족과 연인들이 둘러앉아 있다. 빙어가 낚이기를 기다리는 표정들이 자못 진지하다.

어보지 않고서는 모른다. 깨끗하고 담백한 맛에 반한 이들은 "그래, 바로 이 맛이야!"라고 탄복한다. 낚는 재미 반, 먹는 재미 반이다.

낚시질이 무료해진 축제객들은 가족끼리 친구끼리 병풍을 친 듯 에워싼 흰눈 덮인 설악준령을 올려다보며 썰매 타는 재미에 푹 빠져든다.

낚시질이 무료해진 축제객들은 가족끼리 친구끼리 병풍을 친 듯 에워싼 흰눈 덮인 설악준령을 올려다보며 썰매나 얼음마차 등을 타는 재미에 푹 빠져든다.

빙어氷魚는 투명한 얼음처럼 속이 비치는 물고기의 생김에서 붙여진 그 이름만큼 차고도 깨끗한 물을 좋아한다.

다른 축제장보다 월등히 넓은 빙판을 내달릴 수 있는 탈거리들은 특히 아이들을 신나게 한다.

전국 얼음축구대회와 빙상볼링, 빙상슬라이딩, 멜라뮤트 썰매대회, 스노 래프팅 등 얼음판에서 즐길 수 있는 레포츠도 다양하게 펼쳐놓고 있다.

가장 성황중인 얼음축구는 전국에서 무려 120여 팀이나 참여하여 그 열기가 대단하다. 얼음판에서 박달나무공을 쫓아다니는 선수들의 총총거리는 뜀박질은 곧잘 우스꽝스런 동작으로 연결되어 배꼽을 잡게 한다. 이렇게 얼음나라 소양호는 멋진 겨울추억까지 건져준다.

축제 시기 | 1월말~2월초

가는 길 | 미사리⇨팔당대교⇨6번 국도 양평 방향⇨44번 국도 홍천⇨인제군 남면 빙어축제장

별미 기행 | 정원식당(033-461-5080)의 '오리한방수육, 두부전골' | 인제골식당(033-461-1619)의 '소갈낙새찜정식'

행복한 쉼터 | 승마펜션(033-461-1033) | 계곡사랑황토집(033-463-7230) | 냇가에서황토집(033-462-1649) | 아웃도어패밀리펜션(033-461-1662)

주변 명소 | 백담사 | 한계령 | 알프스 스키장 | 만해마을

여행 정보 안내 | 인제군 문화관광과(033-460-2086) www.injefestival.net

한국의 융프라우에서
노릇노릇한 황태를 굽다

46번 국도를 따라 북쪽으로 내달리면 동해로 넘어서기 전에 북설악 최고最高의 고개 미시령과 진부령이 기다린다. 이 두 고개턱이 갈라지는 바로 아래에 자리잡은 인제군 북면 용대리는 겨울 내내 알프스 융프라우의 만년설 같은 눈에 파묻히는 설향雪鄕을 그리고 있다.

황태요리경연장에선 손맛 좋은 부녀자들이 황태찜, 황태구이, 황태전골 등을 만들어 내놓는 갖가지 '원조' 황태요리가 구수하다.

　6000여 평 규모의 큰 덕장이 20여 개나 몰려 있고 작은 덕도 10여 개나 되는 7만여 평의 용대리 덕장은 전국 황태 생산량의 70퍼센트 이상을 담당한다.

　쾌로 엮인 황태가 북설악의 눈발과 칼바람을 맞으며 대롱대롱 매달려 꽁꽁 어는 모습은 보기 드문 풍광이다.

　눈바람 속에서 3~4개월 남짓 기온이 영하 15도쯤 급강하하는 밤엔 꽁꽁 얼고, 낮엔 햇살에 겉만 부풀어 융해되기를 20여 회 이상 반복하는 자연동건법自然凍乾法을 거친 명태들은 4월이면 질 좋은 '황태黃太'가 되어 우리네 식탁에 오른다.

　황태축제 첫날, 미시령 계곡에서 풍어풍작과 제액초복除厄招福을 기원하는 산신제를 올리는 용대리 사람들. 최상품의 황태를 만들어내는 데 하늘이 도와주실 것을 기원한다.

　"황태덕장은 하느님과 동업해야 안전하다"고 말할 정도로 겨울 기온이 품질을 좌우한다.

　"만약 하느님이 안 도와주면 일명 깡태, 파태, 찐태, 골태가 돼버리기 쉽상이래요."

　황태 만들기의 처음부터 끝까지의 모습을 실감나게 보여주는 덕장 설치 시연장. 용대리 덕장 사람들이 맨땅에 소나무 말뚝을 세워놓고 코

항아리를 놓아두고 황태 던져서
많이 넣기 놀이를 하고 있다.

꿰인 명태를 걸쳐놓고 있다.

싸리 깎고 매기, 관태, 짝 묶기, 덕장 짓기, 황태 던져서 많이 걸기, 황태포 뜨기 등 이곳 황태덕장 사람들의 삶을 테마로 한 이 축제판에 함께 한 축제객들은 황태를 거저 받아먹긴 쉬워도 황태덕장 일이 여간 만만치 않음을 느끼게 된다.

용대리 사람들은 언제 찾아도 마음 씀씀이가 뜨거운 황태국물처럼 후덕하다. 황태요리경연장에선 손맛 좋은 부녀자들이 황태찜, 황태구이, 황태전골 등을 만들어 내놓는 갖가지 '원조' 황태요리가 구수하다. 풍부한 영양식으로 건강도 책임진다.

이 여정의 목로주점에서 빼놓을 수 없는 나의 취락醉樂! 매콤달콤 고소한 맛이 일품인 맛깔스런 황태구이를 찢으며 강원도 '감자막걸리'를 벌컥벌컥 들이켜다. 언 몸이 녹아내리며 달아오르는 취기에 양명문의 시에 변훈이 곡을 단 「명태」를 베이스톤으로 안단테하게 흉내내본다.

검푸른 바다 바다 밑에서 줄지어 떼지어 찬물을 호흡하고

길이나 대구리가 클 대로 컸을 때

…

어떤 어진 어부의 그물에 걸리어

…

에지프트의 왕처럼 미이라가 됐을 때

어떤 외롭고 가난한 시인이 밤늦게 시를 쓰다가

쇠주를 마실 때 그의 안주가 되어도 좋다

그의 시가 되어도 좋다

짝짝 찢어지어

…

축제 시기 | 2월 하순~3월 초순 사이

가는 길 | 미사리⇨팔당대교⇨6번 국도 양평 방향⇨44번 국도 홍천⇨인제⇨용대리

별미 기행 | 용바위식당(033-462-4079)의 '황태구이' | 백담사숨두부집(033-462-9395)의 '손두부'

행복한 쉼터 | 솔밭펜션(033-462-9412) | 만해마을(033-462-2303)

주변 명소 | 백담사 | 만해 아이스파크 | 알프스 스키장 | 스키 박물관 | 미시령

여행 정보 안내 | 인제군청 문화관광경제과(033-460-2081~4) www.yongdaeri.com
　　　　　　　황태축제위원회(033-462-5855)

정월대보름 화왕산
억새태우기 축제

온 산이 불기둥으로
겨울밤을 뜨겁게 달구다

음력 1월 15일은 한 해 가운데 가장 크고 밝은 달이 휘영청 떠오르는 정월대보름이다.

이 무렵, 경상남도 창녕의 화왕산성 억새 불사르기는 한반도 육지부에서 가장 장엄한 불바다를 연출하는 축제다. 달집과 소원성취 짚단 사

르기, 원을 그리는 불깡통 돌리기 등 대보름 축제는 신명난 불놀이기도 하지만, 그 해의 액운을 떨쳐내 주기도 한다.

관룡사 용선대에서 피안의 세상으로 오르다

정월대보름 밤, 황홀한 화왕산 불놀이를 구경하기 전까지의 낮 시간을 후회 없이 보낼 수 있는 낭만도 준비되어 있다. 특히 관룡산 기슭의 관룡사와 용선대 부처에 이르는 길은 여행자들의 마음을 끄는 여정이다. 보통의 화왕산 등산 코스는 창녕읍내 자하곡으로 올라서 환장고개⇨정상⇨화왕산성 동문⇨관룡산⇨청룡암⇨용선대⇨관룡사를 거쳐 옥천리로 하산하는 길이다. 그러나 역순으로 오르면 관룡사의 용선대를 충분히 조망하고 밤의 불놀이도 즐길 수 있다.

관룡사는 화왕산 남쪽자락 높은 곳에 있다. 창녕읍에서 영산면으로 가는 5번 국도를 8킬로미터쯤 내려가면 왼쪽으로 1080번 지방도로가 나온다. 화왕산과 어깨를 맞댄 관룡산으로 가는 길이다. 이 길로 매표소를 지나 키 큰 시누대밭 사이 숲 터널 속으로 40여 분 정도 걸으면 관룡사다.

관룡사로 오르는 길에 가장 먼저 맞닥뜨린 한 쌍의 돌장승은 툭 불거진 왕방울 눈과 뭉툭한 코가 여간 우스꽝스럽지가 않다. 바라보기만 해도 절로 웃음이 난다. 솔숲 길을 따라 조금 더 오르면 관룡사 일주문에 들게 된다.

돌계단을 에돌아 경내에 들면 대웅전 용마루 위로 치솟아 오른 관룡산의 암봉들이 눈길을 끈다. 암봉 능선을 배경으로 둔 해남 달마산 미황사와 흡사한 분위기다. 이 절집은 신라의 고승 원효가 화엄경을 설파했던 8대 사찰 중 하나다. 병풍처럼 둘러 친 관룡산을 배경으로 우뚝한 대웅전의 자태는 장중하다. 특히 하늘에서 피리를 불며 내려와 부처를 찬양하는 주악비천상이 새겨진 불상의 대좌 조각미는 정교하다.

명부전과 요사채 사이로 난 오솔길을 따라 20여 분쯤 더 오르다 보면 갑자기 집채만한 바위봉우리가 앞을 가로막는다. 용선대다. 이 용선대 위에는 통일신라시대에 만들어진 석조석가여래좌상이 천년의 모진 비바람에도 끄덕하지 않고 산 아래 사바세계를 내려다보고 있다. 이곳에

서의 답사 포인트는 능선 쪽으로 10여 미터쯤 떨어진 곳에 솟아 있는 바위에 올라서서 바라보기다. 산 아래 점, 점으로 내려다보이는 마을들과 그 하늘 우대로 두둥실 떠 있는 듯한 용선대의 위용이 한눈에 들어와 눈길을 압도한다. 불상의 장엄한 배치가 매우 돋보인다. 그 모습은 피안의 세상으로 중생을 이끄는 지혜의 뱃머리에 앉은 부처가 사바세계의 중생을 구제해 극락으로 향하고 있는 듯하다.

화왕산 억새 천상에 정월대보름 들불을 놓다

경남 창녕의 화왕산은 여수 영취산, 마산 무학산과 함께 우리나라 3대 진달래 명산으로 꼽힌다. 4월 5일 전후의 봄철에 붉게 타오르는 진달래 군락지의 꽃 자태가 마치 불꽃 같다 하여 산 이름조차도 화왕산火旺山이다. 진달래의 정염을 태워 올린 화왕산은 가을이면 정상의 드넓은 평원에 은빛 억새 천지를 이룬다. 국내 최대 규모의 억새밭 사이사이 미로에서의 트래킹은 갈빛 낭만을 불러일으키고 있다.

286

해발 757미터 화왕산 정상까지의 산행은 1시간 30여 분쯤 걸린다. 서쪽 계곡인 자하골에서 정상으로 올라가는 등산로 막바지 구간인 '환장고개'를 빼곤 무난한 산행길이다. 환장고개에 서면 봄철에 발그레했던 진달래꽃 대궐이 떠오른다.

산 정상 부분은 신라 전성기에 축성된 화왕산성과 목마산성이 둘러싸고 있다. 한낮부터 수천의 축제객들이 불꽃 축제 준비에 한창이다. 억새 태우기에 앞서 낮 동안은 드넓은 화왕산 정상에서 통일염원 연 날리기, 지신밟기, 삼도 농악놀이, 윷놀이, 제기차기, 널뛰기 등 여러 가지 민속놀이를 즐기는 사람들로 산성 안은 신명이 넘쳐난다. 보름달이 떠오르기 전, 국태민안과 풍년을 기원하며 불에 대한 두려움을 숭배로 의존하여 왔던 선조들의 뜻을 잇고자 면면히 이어온 상원제上元祭도 올려진다.

이윽고 화왕산 마루에 대보름달이 떠오를 즈음, 화왕의 북울림 한마당이 펼쳐지는 가운데 달집과 소원풀이 짚단이 '후드득 후드득' 살라지고, 그 불씨로 억새밭에 불이 당겨진다. 둘레 2.7킬로미터의 화왕산성 안쪽 5만3천여 평 드넓은 억새평원에 불길이 옮겨 붙는다. 금세 뜨거운 불길로 일기 시작한다. 이 불길은 사방에서 한순간에 빨간 혀들을 날름

보름달이 떠오르기 전, 국태민안과 풍년을 기원하며 불에 대한 두려움을 숭배로 의존하여 왔던 선조들의 뜻을 잇고자 면면히 이어온 상원제上元祭도 올려진다.

날름 거리며 산상의 밤을 밝힌다. 드디어 50여 미터 높이의 집채만한 불기둥이 솟구쳐 오르며 천지를 뒤흔든다. 참으로 장엄한 풍경이다.

밤을 대낮처럼 밝힌 불빛이 1만 5천 축제객들 얼굴에서도 일렁인다. 저마다 소원성취를 기원하며, 액운을 말끔히 떨쳐낸다. 막힌 가슴이 후련해지는 순간이다. 과연 예로부터 '큰불의 뫼'로 위세를 떨쳐온 화왕산火旺山다운 기세다. 동편에는 어느새 보름달이 두둥실 떠올랐다.

불놀이를 실컷 즐기고 나면 인근의 부곡온천이 기다리고 있다. 동국통감의 고려기에 '영산온천'으로 기록되어 있어 옴샘이라 불리기도 한 부곡온천은 우리나라 온천 가운데 가장 수온이 높다. 78도의 수온에서는 계란이 그대로 익을 정도다.

유황 성분도 높아 피부병과 신경통에 특효가 있기로 소문나 있다. 소문대로 온천 사우나 후에는 산행 뒤의 여독이 말끔히 사라진다.

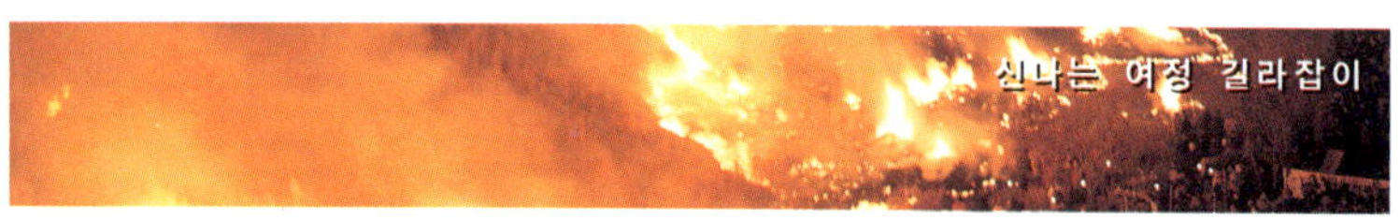

축제 시기 | 음력 정월대보름

가는 길 | 중부내륙고속도로(옛 구마고속도로)⇨창녕 나들목(20번 국도)⇨창녕읍(5번 국도)⇨계성면 계성리(좌회전)⇨옥천리⇨관룡사/24번 국도⇨창녕 시외버스 터미널 앞⇨창녕여고⇨화왕산

별미 기행 | 고향보리밥(055-521-2516)의 '보리밥' | 옥천관광농원(055-521-2400)의 '흑염소불고기' | 부곡한성가든(055-536-5131)의 '한정식'

행복한 쉼터 | 부곡온천단지-부곡하와이호텔(055-536-6331) | 원탕호텔(055-536-5655) | 동원장(055-536-5555) | 관룡산-옥천계곡통나무집(055-521-2516)

주변 명소 | 고분군 | 석빙고 | 창녕박물관 | 우포늪 철새

여행 정보 안내 | 창녕군청 문화공보과(055-530-2231) www.cng.go.kr